信息技术价值观研究

张景生　徐恩芹　李　娟　著

科学出版社
北　京

内 容 简 介

本书以通俗易懂的语言对信息技术价值观的概念、特点、形成过程以及科学信息技术价值观的评判标准进行了分析，构建出信息技术价值观二维结构，编制了信息技术价值观量表，分析了教育领域三类主体的信息技术价值观现状，提出了科学信息技术价值观的培养策略。

本书数据详实、内容丰富，是一本从教育的视角研究具体技术哲学的专著，可供广大的中小学教师和研究人员参考。

图书在版编目（CIP）数据

信息技术价值观研究/张景生，徐恩芹，李娟著.
—北京：科学出版社，2010.6
ISBN 978-7-03-027828-9

Ⅰ.①信… Ⅱ.①张…②徐…③李… Ⅲ.①信息技术-价值论（哲学）-研究 Ⅳ.①N02

中国版本图书馆 CIP 数据核字（2010）第 103248 号

责任编辑：冯 铂　　封面设计：陈 敬

科学出版社 出版
北京东黄城根北街 16 号
邮政编码：100717
http://www.sciencep.com

四川煤田地质制图印刷厂印刷
科学出版社发行　各地新华书店经销

*

2010 年 6 月第 一 版　　开本：787×1092 1/16
2010 年 6 月第一次印刷　　印张：9.5
印数：1—1 500　　字数：200 千字

定价：32.00 元

前　言

该书以山东省教育厅立项课题“信息技术价值观研究（J05R05）”为基础，通过进一步文献分析、理论思辨、定量研究和定性分析，立足于教育的视角，对信息技术价值观的内涵、结构进行了理论的梳理，并依据信息技术价值观结构编制出信息技术价值观量表，借此对当前教育领域的三大主体：教师、学生和家长的信息技术价值观现状进行了调查研究，进而基于现状的分析，提出了科学信息技术价值观的培养策略。由于信息技术价值观属于技术哲学的范畴，可以说本书是一本从教育的视角研究具体技术哲学的专著。

本书正文共分为五章和一个绪论。绪论部分主要对信息技术价值观研究的定位、对象、意义、内容和方法进行了简要介绍；第一章分析了价值、价值观和技术价值观，为整个研究奠定了理论基础；第二章主要分析了信息技术价值观的概念、特点、形成过程和科学信息技术价值观的评判标准，并构建出信息技术价值观二维结构；第三章主要分析了具有较高信度和效度的信息技术价值观调查量表的编制过程；第四章利用信息技术价值观量表，结合质性研究，分析了教师、学生和家长的信息技术价值观现状；第五章在现状分析的基础上，归纳出影响信息技术价值观的因素，并提出了科学信息技术价值观的培养策略。

本书主要编著者：

张景生，提出写作主旨，确定全书框架，撰写前言、绪论，参与对每一章节的修订工作，并对全书进行统稿。

徐恩芹，协助确定本书的内容框架和统稿，参与撰写第三章，第四章和第五章。

李娟，协助确定本书的内容框架和统稿，参与撰写第二章，第四章和第五章。

赵厚福，参与撰写第一章，第二章和第五章。

冯天敏，参与撰写第一章，第四章和第五章。

程桂芳，参与撰写第三章，第四章和第五章。

本书在写作过程中，参考并引用了国内外许多专家的研究成果，在此深表感谢！由于价值观研究属于哲学范畴，而当前哲学领域的价值观研究几乎很少涉及到信息技术价值观，即使在技术哲学领域鲜有专门研究信息技术价值观的专著，再加上作者能力所限，本书肯定会存在诸多的问题和不足，或很多方面还需要进一步探索，希望专家和广大读者能给予指正！

目　录

绪 论

人们对客观事物的认识和改造活动并不是盲目的，而是根据一定的价值标准来进行判断和评价，进而决定自己的行动。也就是说价值观在人们的社会实践中具有导向、选择和评价作用，从而对人们的社会实践产生重要指导作用。信息技术在实践中的应用同样受主体信息技术价值观的影响。快速发展的信息技术在给我们带来高效、便利的同时，也给我们带来了很多负面的影响。不同的信息技术的价值取向，对进一步发挥信息技术的作用的影响是不同的，要更好地发挥信息技术的作用，就必须树立科学、正确的信息技术价值观，以指导人们正确处理与信息技术有关的社会实践。因此对信息技术价值观进行深入研究是非常必要的。

1. 信息技术价值观研究的定位

价值观属于哲学范畴，技术哲学是诞生于19世纪末的一门哲学分支学科。技术价值观属于技术哲学的范畴，而信息技术是技术领域的重要分支，因此，信息技术价值观属于技术哲学的范畴。技术价值观认为：科学技术不仅具有物质价值，而且具有精神价值，其物质价值亦即工具价值（生产力价值和经济价值），其精神价值包括认识论价值（科学发现的价值、文明价值、信念的价值、解释的价值、预见的价值）和方法论价值、伦理价值、审美价值和人类自由价值等。信息技术价值观可以按照这样的分类进行研究。

当前，国内的专家、学者对信息技术的价值研究，基本上是按其应用领域分别进行研究的。比如，信息技术在工业生产中的价值研究、在农业应用中的价值研究、在商业运作中的价值研究、在军事建设中的价值研究等。其中，信息技术在商业运作中的价值研究最为活跃。而在教育教学领域对信息技术价值观的研究目前还很少涉及，因此本课题主要就定位在教育领域内对信息技术价值观进行研究。

2. 信息技术价值观研究的对象

长期以来，人们一般都认为教育的主体是教师和学生 。但是在家庭教育越来越引起人们重视的信息化时代，很多人开始把家长纳入教育主体的范畴 。中国戒网瘾第一人陶宏开教授认为孩子网络成瘾的主要原因在于家长，并进一步指出“在网络时代的家长一定要学会健康上网，才能更好地引导孩子把电脑网络当做工具来使用”。这充分说明，在信息时代，家长也是教育的主体，即教育的主体包括教师、学生和家长。因此本研究的研究对象主要涉及教师、学生和家长三类群体，其中教师包括中小学教师和高校教师，学生包括中小学生和大学生，家长则包括各类学生的家长。

3. 信息技术价值观研究的意义

技术价值观的深入研究不仅有助于技术哲学理论的发展，而且更重要的是在于规范技术的未来发展，使技术朝着更加有利于人的方向发展。如原子能发电站和原子弹，它们作为技术系统被设计和建造出来，对于不同价值主体来说，其价值意义是截然不同的。这种不同在本质上并不取决它们的物质属性，而取决其中所包含的人的目的、人的价值取向。正确认识技术价值观的参与对象，把握技术价值取舍的方向，正是技术哲学的新课题。随着技术的进步和发展，技术价值观的研究将越来越具有积极的意义。作为技术哲学研究的一个重要方面，信息技术价值观研究的重大价值在于丰富技术哲学的内涵，同时扩展教育技术学专业的研究视角，为教育技术学科的发展找到新的生长点。

4. 信息技术价值观研究的内容

从研究和实践的需要出发，本研究的主要内容涉及到对价值、价值观的理论反思与分析，信息技术价值观的科学界定，信息技术价值观体系的构建，同时还涉及到各类主体的信息技术价值观现状研究，并基于现状的分析，研究科学信息技术价值观养成的培养策略。

5. 信息技术价值观研究的方法

根据研究内容的需要，本研究主要以行动研究为指导，综合利用各种质的和量的研究方法，具体涉及到文献研究、访谈、问卷调查、案例分析等研究方法。

第一章　价值、价值观、技术价值观

第一节　价值概述

价值观是人们在认识各种具体事物的价值的基础上，形成的对事物价值总的看法和根本观点。对价值的界定和本质的不同规定决定着价值的标准，进而会影响到人们的价值观念。因此，研究价值观应该从价值开始，本节将对价值的一些基本问题进行讨论。

一、价值的界定

（一）价值界定的几种类型

价值的界定是价值哲学的核心问题，也是价值研究的逻辑起点，当今中国哲学界的学者们从不同的视角出发，提出了许多价值界定的方法，主要有以下六种类型〔1〕：

1. 用“需要”界定价值

这种观点用客体满足主体的需要来界定价值。如李德顺先生在《价值论》一书这样进行了描述：“‘价值’这个概念所肯定的内容，是指客体的存在、作用及它们的变化对于一定主体需要及其发展的某种适合、接近或一致”。

2. 用“意义”界定价值

用“意义”界定价值是一种常见方法，持有这种观点的人认为：“价值是客体对主体的意义”，“价值是客体对主体所具有的积极或消极意义〔2〕”，“价值是指外界客体对主体存在和发展所具有的一种积极的作用和意义〔3〕”等。

3. 以“属性”界定价值

这种观点突出价值的客观性，认为“价值就是指客体能够满足主体需要的那些功能和属性，是客体对于主体的有用性〔4〕”。无论主体状态如何，无论主体如何看待和评价这种属性和功能，都不妨碍这种属性和功能的存在，即价值的存在。

4. 用“劳动”界定价值

持有用“劳动”界定价值观点的学者主张用马克思商品价值范畴作为哲学价值范畴，

---

〔1〕王玉樑. 价值哲学新探［M］. 西安：陕西人民教育出版社，1993：127.

〔2〕袁贵仁. 价值与认识［J］. 北京师范大学学报，1985（3）：47—57.

〔3〕王永昌. 价值哲学论纲［J］. 人文杂志，1986（5）：19—28.

〔4〕李健锋. 价值和价值观［M］. 西安：陕西师范大学出版社，1988：163.

认为“哲学的价值凝结着主体改造客体的一切付出[1]”。

5. 用“关系”界定价值

这种观点认为：“价值是客体与主体需要之间的一种特定（肯定与否定）关系[2]”；“价值是表示客体（一切客观事物）与主体（人）的需要关系，是表示客体属性对主体需要的肯定或否定关系[3]”。

6. 用“效应”界定价值

“效应说”是一个颇有新意的观点，这种观点认为价值是客体对主体的效应，或者说价值是客体对主体的作用或影响，价值的本质是客体主体化。这种观点从主客体之间的实践关系出发，认为“价值是在实践基础上形成的主体与客体双向建构、相互制约、相互对待的效应关系[4]”；“价值关系是价值产生的基础，而价值则是主客体关系的一种特定效应，或者说是客体属性与功能满足主题需要的效应[5]”；“价值是同人类生活相关的客体的固有属性与评价它的主体相互作用时产生的功能[6]”。

（二）对几种价值界定的分析

上述几种对哲学价值的界定，从不同角度出发各有特点，但通过仔细研究就会发现有些观点有很多不合理的地方，以下是详细分析[7]：

1. 关于用“满足主体需要”界定价值

价值是客体对于主体需要的满足，客体价值的大小等于满足主体需要的程度。毫无疑问，“满足说”强调了主客体的统一，用主客体之间的满足与被满足关系来界定价值，有其合理性。但是，“满足”的主观性很强，是否有价值完全取决于主体的主观感受，这就不能对价值的客观性给出合理的解释。

首先，主体需要并非都是健康的、合理的，满足主体不健康的需要只能产生负价值。由此可见，满足需要并不一定都有价值，只有满足主体健康的需要才有价值，用“满足需要”来界定价值就有困难。其次，主体的客观需要常常以主体主观欲望、愿望、要求、目的、动机、兴趣等为表现形式，以主体需要界定价值，要论证价值的客观性就很困难。最后，用满足主体需要界定价值实际上是指使用价值，而非哲学价值。马克思说：“商品是使用价值，即满足人的某种需要的物。商品有使用价值，无非就是说它能满足某种社会需要。”能满足主体需要，正是使用价值的基本特点。使用价值只讲客体是否满足主体需要，而不考虑对主体的生存发展的实际效应。因此，用“满足主体需要”来界定价值，还存在较多问题。

2. 关于用“意义”界定价值

“意义说”认为，价值是客体对于主体所具有的某种意义。这种观点更加突出和强调了主体理解和评价的方面，更接近于价值的本质，更容易为人们所接受。但是，“意义”

---

〔1〕 赵守运，邵希梅．现代哲学价值范畴质疑［J］．哲学动态，1991（10）：44－47．

〔2〕 李连科．价值哲学论［M］．北京：中国人民大学出版社，1991：62．

〔3〕 杜齐才．价值与价值观念［M］．广州：广东人民出版社，1987：9．

〔4〕 李福海，雷咏雪．主体论［M］．西安：陕西人民教育出版，1990：210．

〔5〕 牧口常三郎．价值哲学［M］．北京：中国人民大学出版社，1990：20．

〔6〕 马克思恩格斯全集（第19卷）［M］．北京：人民出版社，1979：406．

〔7〕 王玉樑．价值哲学新探［M］．西安：陕西人民教育出版社，1993：129．

一词具有浓郁的感情色彩，它的主观性比较强。某物对甲有意义，对乙就未必有意义。因此，“意义说”也不能对价值的客观性给出合理的解释。而且用“意义”来解释价值，除了从功能上表明价值是一个应用概念以外，并没有说出更多的内容。而且，“意义”这个词本身就是多义词，有多种涵义。例如，有价值、作用、含义、意思、意图等涵义。所以用“意义”界定价值也容易产生歧义，这就需要对所用的“意义”再作规定。另外，在现代哲学中，“意义”有时被用来指涵义，如“语义”，有时被用来指价值，如果是后者，那么不过是同义语反复，如果是前者，则会导致概念上的混淆。用“意义”界定价值，可以说是对价值的一种通俗表述，而不是一种严格的科学表述。

3. 关于用“属性”界定价值

“属性说”认为，价值并非客体本身，而是指客体所固有的某方面属性和功能，这种属性和功能不因为主体意愿的改变而有所改变。这种观点突出价值的客观性，把价值理解为客体的功能和属性，重视了客体的作用，却忽视了主体的作用。因为同一客体的属性对不同主体的价值不同，对不同条件下的同一主体的价值也不同，所以价值不能仅仅从客体的功能和属性来解释。另外，客体满足主体需要的那些功能和属性，还是指客体的有用性，马克思说：“物的有用性使物成为使用价值”。客体的使用价值，就是客体对主体的有用性，但我们不能说使用价值就是哲学价值，因为使用价值不能概括全部价值。例如，要把道德的价值说成使用价值就很困难，道德是以利群为特征的，高尚的道德要求个体为群体献身，必要时牺牲个人的一切以至于生命。所谓“杀身成仁”、“舍生取义”就是如此。“成仁”、“取义”是高尚的，但与世俗社会的有用、实用、实惠观却是矛盾的。如文天祥“成仁”“取义”，流芳千古，为后人传颂，但他的死，无助于挽救南宋王朝的灭亡，所以说道德的价值是“有用”或“实用”，是不妥当的。可见，这种观点把客体的价值凝固化了，带有一定的机械性，因而不能解释复杂的价值现象。

4. 关于用“劳动”界定价值

在马克思主义政治经济学中，价值是指“商品中凝结的一般人类劳动”，以“劳动”定义价值的观点正是据此而来。哲学价值与经济价值的关系是一般与特殊的关系，哲学价值除了经济价值之外，还有天然产品的价值、非交换的人工产品的价值以及道德、审美等精神价值和人的价值等。由此，哲学价值的外延比经济价值广得多，不能以经济价值作为哲学价值。所以用经济学中的“价值”来界定哲学中的价值观点，就没有弄清楚哲学价值与经济价值的关系，也存在不合理的地方。

5. 关于用“关系”界定价值

用客体与主体的特定或特殊关系界定价值，具有一定的合理性，但是在论述价值的时候把价值等同于价值关系，这是不科学的。因为价值指的是客体或某物有价值，价值关系则是指价值主体与价值客体二者之间的关系，既指主体又指客体，不能把某物有价值说成有价值关系。说某物有价值通常是说它具有正价值，说某物有价值关系等于没有说，因为任何一种东西都可能与主体发生价值关系，至于什么样的价值关系则不明确。因此，“用关系界定价值”把价值与价值关系等同，也不能明确解释价值的含义。

6. 关于用“效应”界定价值

第六种观点用“效应”界定价值，是以对价值存在的分析为基础的。主体与客体是相互作用的，主体作用于客体，客体必然也作用于主体，对主体产生一定的影响。客体对主体的作用和影响，即客体对主体的效应就是价值，价值存在于客体对主体的作用和影响之中，客体对主体的正效应就是正价值，负效应就是负价值。客体对主体的效应是多方面多层次的，这里的效应是各种效应的总和，泛指客体对主体的一切功效、一切作用与影响，能够涵盖一切领域的价值，因而能较好地揭示哲学价值的科学内涵。因此，本研究采纳价值“效应说”的观点，把价值界定为客体对主体的效应。

二、价值的本质

前面的分析表明，客体对主体的效应能较好地揭示客体对主体的客观的真实价值，价值是客体对主体的效应，这是对价值的界定，也是对价值本质的揭示，但这里揭示的是价值的初级本质、最一般的本质。而客体对主体的效应是多方面、多层次的，仅仅揭示客体对主体的效应还是比较笼统的，还没有认识价值本质的根本点，还不是对价值本质的比较深刻的认识，还必须做进一步分析[1]。

（一）客体的价值主要是客体对主体发展和完善的效应

价值是客体对主体的效应，其效应是多层次、多方面的，客体对主体的各种效应最终要体现在对主体生存、发展、完善的作用和影响中。主体的生存、发展、完善是主体存在的不同状态，生存是主体基本的也是最低的状态，发展是在原有生存基础上的前进，比生存高一级；发展中也存在不足和问题，解决发展中的问题和不足，就能使主体更加完善，完善是主体在发展基础上的更高状态。完善又是相对的，主体的发展就是一个不断发展和完善的过程。主体的生存、发展、完善相互联系，生存是发展、完善的前提，发展、完善内在地包含着生存。有利于发展和完善的东西，必然有利于主体生存，或能使主体生命增加光彩，但并非有利于生存和享受的东西，都有利于主体的发展和完善，有的客体有利于主体的生存而不利于主体的发展和完善，其价值从总体上说是负价值。所以，客体的价值是对主体生存、发展、完善的效应，主要是客体对主体发展、完善的效应。

（二）价值是客体对社会主体的效应

主体是多层次的，有社会主体、群体主体、个体主体等不同层次。不同的群体和个体之间，其利益和需要有一些是相同的或近似的，有一些不同甚至相反。某一社会现象对某一阶级、群体或个体是正价值，对另一阶级、群体或个体则可能是负价值。从总体上看，似乎互相抵消，无价值或价值不大，这就为确定社会现象的价值带来了困难。因此在讨论客体的价值时，以群体或个体为主体都有很大的局限性，而要以客体对社会主体发展、完善的效应如何而定，才能更好地体现价值。社会主体的发展完善最终要体现在使广大个体主体发展完善的基础上，社会主体的发展完善是各个群体主体和个体主体发展完善的根本条件和根本利益所在，客体对社会主体的价值是客体的最高价值。因此，价值是客体对社会主体的效应，其本质在于能否促进社会主体发展、完善。

（三）价值是主体与客体相互作用的产物

从主体对客体效应角度来讲，价值本质就是客体对社会主体发展和完善的效应，这其

〔1〕 王玉樑．价值哲学新探［M］．西安：陕西人民教育出版社，1993：158－159.

实是从主客体功能关系上揭示出价值的本质。如果我们换一个角度，从价值的来源或源泉方面来看，价值实际上就是主体与客体相互作用的产物。在主客体相互作用中，主体作用于客体，使主体本质力量对象化或主体客体化，生成新的价值客体，这是价值创造的过程。在主体作用于客体的同时，客体也反作用于主体使客体主体化，即客体对主体产生一定的作用和影响，对主体产生一定的效应，使客体为主体服务，这是价值实现的过程。而价值实现的过程实质上就是价值的产生过程，从这角度来看，价值的本质在于客体主体化[1]。

因此，从主客体的功能关系上揭示价值的本质和从源泉上、从主客体的对象性质上揭示价值的本质是一致的，有着内在统一性。客体主体化揭示了价值产生的过程，而客体对主体的效应，则是这一过程所产生的价值的实在内容，是价值之所以成为价值的本质特征。所以，完全可以这样理解，价值的本质是客体主体化，是客体对主体的效应，主要是对主体发展、完善的效应，从根本上说是对社会主体发展、完善的效应。真正的价值在于使人类社会发展、完善，使人类社会更加美好，上升到更高的境界。

三、价值的特性

价值的特性是人们研究比较多的问题，迄今为止，不同的研究者从不同的角度分析了价值的客观性、主体性、社会性、历史性、相对性、绝对性、多元性和一元性等。从辩证唯物主义和历史唯物主义的角度出发，要准确地理解和把握价值的特性，还需要注意以下几点。

（一）价值是客观性与主体性的统一

价值既具有客观性，也有主体性。价值的客观性表现在：价值是实存的、是主体可以切身感受的，是实践可以验证的；价值的主体性是指客体价值的有无与大小受主体各种因素的制约与影响。价值的主体性主要表现为自主性、超越性、主观性。由于价值是客体在与主体相互作用的过程中对社会主体发展完善的效应，因而，价值的主体性与客观性统一于主客体相互作用的过程之中。

（二）价值是社会性与历史性的统一

价值既具有社会性，也具有历史性。价值是受一定的社会生产方式、社会经济、政治制度和社会文化的深刻影响和制约的，因而具有社会性。价值的社会性主要表现在：价值关系具有社会性、价值活动具有社会性、价值内容具有社会性。而价值的社会性也决定了价值的历史性。社会是发展的，社会发展的历程就是历史。价值是随着历史的发展而发展的，因而具有历史性。价值的历史性表现为：价值主体的历史性、价值客体随历史发展而发展变化、客体的价值随实践的发展而变化。

（三）价值是相对与绝对的统一

价值是相对的，也是绝对的，既具有相对性，也具有绝对性。价值是一定客体的属性与功能作用于一定主体产生的效应，是相对于一定主体而言的，是具体的、有条件的、发展的，因而是相对的，具有相对性。价值是相对的，又是绝对的，价值的绝对性就是价值

---

〔1〕王玉樑. 价值哲学新探［M]. 西安：陕西人民教育出版社，1993：159－164.

作为客体对主体的效应存在着普遍性、无条件性、恒常性、客观性。

（四）价值是多元性与一元性的统一

价值具有多元性，又具有一元性。价值的多元性，是指同一客体对不同主体或不同时期、不同条件下的同一主体的价值不同，甚至有多种价值。价值的一元性，是指价值的确定性、单一性，是客体对同一时期的社会主体或一定环境、一定条件下的具体主体、对某一主体的某一方面的具体的价值是确定的、单一的，而不是多元的。价值的多元性与一元性是对立的统一，价值的多元性与一元性的关系，反映了价值的个别性、特殊性与一般性的关系。价值的个别性、特殊性是多种多样的表现为多元性，价值一般性是对社会主体的价值，是单一的、一元的，价值多元性乃是价值一元性的具体表现，价值从表现来看是多元的，实质上是一元的。因此，价值的一元性与多元性的关系，是以一元性为基础的一元性与多元性的辩证统一关系。

四、价值的类型

价值分类问题是理论界争论比较多的一个问题，不同的分类标准会有一些差别，常见的几种分类方式有：根据价值的功能特性分为目的性价值和功利性价值；按主体的社会层次分为个别价值、群体价值、社会历史价值等；按被满足之需要的性质分为物质（满足人的物质需要的）价值和精神（满足人的心理、精神、文化需要的）价值等；按客体价值产生、发展及其作用的性质、程度分为：天然的价值和创造的价值、潜在的价值和现实价值、真实的价值和虚幻的价值、正价值和负价值、高价值和低价值等；按主客体统一过程的阶段分为：认识价值和社会实践价值等。

上述表述方式和分类都从各自的理论出发，从某个层面揭示了价值形态的多样性，说明每一种价值形态的存在方式、自身特点和社会功能，具有一定的合理性和科学性。尽管价值的类型划分有不同的方法，但多数学者都认为可以把物质价值、精神价值、人的价值作为价值的最基本的类型来研究。

（一）物质价值

物质价值就是物质客体对主体（人）的效应。按照物质客体的特点又可将物质价值分为自然价值、人化自然价值和社会存在价值。

1. 自然价值

自然价值即天然物的价值。天然物之所以为天然物，是有别于人化自然的大自然的产物而未经人类活动改造过的物质客体。天然物作用于人类，对人类有不容否认的价值，包括正价值和负价值。天然物价值主要表现为原料的价值、资源的价值、生态的价值等。

2. 人化自然的价值

人化自然是人的本质力量对象化的产物，即经过人们劳动加工改造的、主体本质力量对象化的产品，这些产品供人消费，变为人的机体的内在要素，变为人体自然，维持主体的生存，为主体进行再生产提供劳动力。人化自然具有重要的价值：首先，人化自然是人类生存发展的物质基础；其次，人化自然是社会发展的表现，也是人的本质力量的确证，人化自然的生产过程；再次，人化自然有重要的认识价值；最后，人化自然的价值还表现为审美价值、经济价值、使用价值等。

（二）精神价值

精神价值，是精神客体对主体的价值，即精神客体对主体的效应。精神客体就其本来意义上说，指的是主体的观念、思想，包括人脑中的知识、情感、意志在内。这些东西是大脑的产物和元性，其内容是客观事物的反映，有的是正确的反映，有的是歪曲的反映。精神客体存在于人的大脑之中，具有随意性、由己性、内在性、抽象性、超越性。存在于人脑中的精神是主观精神，一旦主观精神用一定物质形式去表达、记载人们的思想情感时就成为客观精神。客观精神就其内容来说是精神客体，就载体来说是物质实体。客观精神是以物质为载体的感性化、外在化的精神，如语言、故事、书刊、音乐、舞蹈、美术作品、工艺品、电视、计算机、手机等，它们的主要功能传播某种思想、情感、意志等，而不是其载体的物质功能。精神价值包括政治价值、法律价值、娱乐价值、教育价值、道德价值、艺术价值、审美价值、认识价值、科学价值等。

（三）人的价值

人的价值，是人作为客体对主体的效应。这里的主体是人，也可以是社会、群体、或个人（他人或自我）。精神价值和物质价值中的人化自然和社会存在，都是人们活动的产物，从根本上说是人们实践的产物，是人的价值的表现和确证，所以，各类价值在某种程度上说的都是人的价值。当前，人的价值研究主要从人的自我价值与社会价值、人格价值、发展价值、生命价值、内在价值与外在价值等进行研究。

哲学中对价值的基本问题的研究，为研究信息技术价值及信息技术价值观奠定了良好的理论基础。

第二节　价值观基础

一、价值观的概念

（一）几种典型的价值观概念

关于价值观到底是什么的问题，可以通过访谈、语句、自由联想等方法来研究[1]。已经有众多研究者对价值观进行了探讨，文献综述研究表明对价值观概念的认识，主要有以下几种：

1. *看法和观念说*

这种观点认为价值观是对某一事物或多种事物的看法。持这种观点的人认为价值观是对各种事物的看法或者是个人的思想观念。例如克拉克洪就直接把价值观说成是一种“有关什么是值得的看法”；而罗克奇则把价值观当作一种“一般的信念”。

2. *标准说*

这种观点认为价值观是一种判断标准、依据、衡量尺度。持这种观点的人认为价值观是判断事物是否有价值及价值大小的标准，或者是判断是非的标准。这种看法也有其合理

〔1〕 辛志勇，金盛华. 大学生的价值观概念与价值观结构 [J]. 高等教育研究，2006 (2)：86.

性，有研究者认为价值标准是价值观念的核心，所谓价值观念不同，事实上就是指价值标准的不同。

3. 行为准则说

这种观点认为价值观就是自己所信仰的某种行为准则。这说明价值观不仅仅是一种对外界事物的一般性看法，而且是一种内心的信念或信条，已经比较明确地与自己的行为联系起来。在心理学研究领域，布赖斯怀特和斯科特就把价值观的本质归结为一种准则，他们认为："价值观是深植人心的准则，这些准则决定着个人未来的行为方向，并为其过去的行为提供解释。"

4. 目标说

这种观点认为价值观是人的一种目标或理想。例如施瓦茨认为价值观是一种"合乎需要但超越情境的目标"。袁贵仁也认为，"目标的确立，最能表明决策者的价值观念……有什么样的价值观念就会有什么样的目标。"

5. 贡献说

这种观点认为价值观是个体对社会的贡献。这实质是一种从内容角度对价值观概念的界定。持这种观点的人认为一个人有无价值、价值大小，关键是要看为社会、为多数人做了什么，以及他人和社会对一个人的评价及承认的程度。事实上这种观点把"价值观"当作"价值"来看，把"价值观是什么"的问题当作"怎样才有价值"的问题。

6. 态度说

这种观点把价值观看做是人对事物的态度，对社会和人生的态度。在西方和国内的一些社会心理学教材里也往往把价值观问题和态度问题放在一起探讨。这两个概念之间有着本质的联系，大家普遍认为是态度是"情境性的"，而价值观是"超越情境的"。

（二）对几种价值观概念的分析

首先，价值观从本质上来说是一种观念。观念一般是指人们对客观事物的反映，包括一切关于事物的观点和看法，特别是关于事物的总观点和总看法。前面论述的"看法和观念说"是对价值观本质的揭示。

其次，价值观念作为一种主观意识形式，它所反映的客观事物应该是价值现实或价值关系现实。任何价值观念只能是某种现实价值关系这样或那样的一种主观反映。这里所说的价值，并不是价值概念的抽象规定，而是指价值和价值关系的现实形态，例如本研究中的信息技术价值。这种价值关系是一种不依人们的主观意志为转移的客观存在。而价值观念则是在既定的价值关系的基础上生成的，归根到底是从业已存在的价值关系出发而形成的自觉认识。[1] 从这个意义上讲，前面论述的贡献说实际上是混淆了价值观和价值观所反映的内容，即价值这两个概念。

再次，观念总是以一定的观点或看法为基础，但并不就是观点或看法，而是心灵以一定的观点或看法为依据所构想的，形成后又有形无形地规定着认识和行为的概念（conception，notion）或图式（pat-tern）。这种图式一经形成，它就积淀为深层的心理结构，

〔1〕 郭凤志. 价值，价值观念、价值观概念辨析 [J]. 东北师大学报（哲学社会科学版），2003（6）：41.

成为确定不移的信念，并因而成为人的一切活动的范型和定势[1]。前面论述的态度说、指南说和行为准则说都说明了价值观念作为一种信念，对人们的态度和行为所产生的影响。

综合各种不同的观点，本研究认为价值观是人们在实践中形成的关于价值的一般观点，是对价值和价值关系的反映，并对态度和行为产生稳定的影响。

（三）价值观和价值观念的区别

在哲学中，通常区分使用价值观和价值观念两个概念，并对它们有明确的界定。李德学和张连良在《价值的本质及价值观的有机构成》中说："就价值观的基本内容说，一种完备的价值观通常由两部分内容构成：一是以价值一般及价值观念一般为反思对象的一般价值论，一是以人与外物的意义关系为反思对象的具体价值观念[2]。"这里的"价值一般"是人们认识世界、改造世界的基本的哲学概念，是与人的本性、人的生存方式密切相关的哲学概念，是对人的存在的最高的、最抽象的反思与概括的哲学概念[3]。

就一般价值论的内容而言，又可以区分为两类问题：一类是以价值一般为反思对象的价值观的本体论问题，可简称为价值本体论；一类是以价值观念为反思对象的价值观的认识论问题，可简称为价值认识论。

价值本体论以价值一般为对象，研究的问题主要包括价值的本质是什么，价值的人性根据是什么，价值的现实基础是什么，价值的类型有哪些等一系列子问题。本章第一节中对价值的看法和观点属于一般价值论中的价值本体论。

价值认识论以价值观念的一般本性为对象，研究的问题主要包括价值观念的本质是什么，价值观念的形成、变化、发展的一般规律是什么，价值观念的作用是什么等一系列子问题。本节对价值观的讨论就属于一般价值论中的价值认识论，如图 1.1 所示。

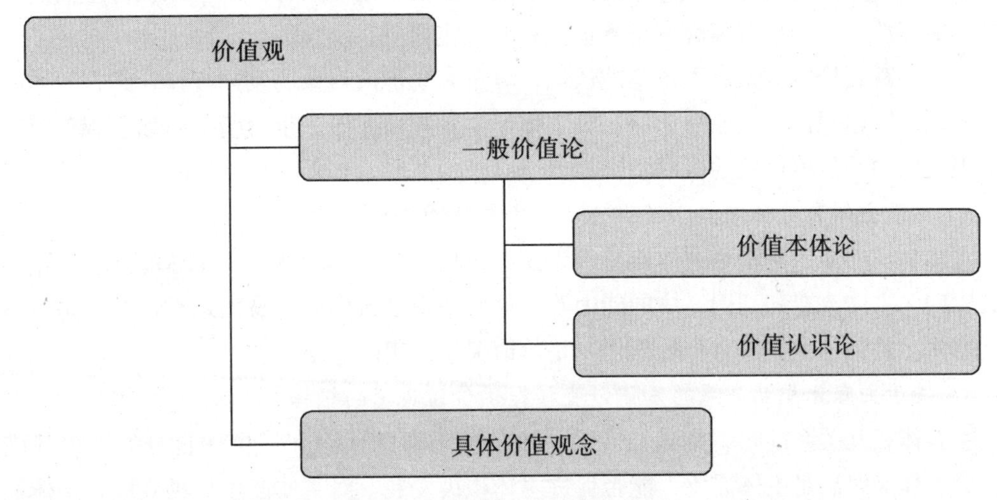

图 1.1　价值哲学中价值观体系

哲学里的价值观念指的是具体的价值观念，即人们在各自的生活实践中所形成并表现

[1] 江畅．论价值观念［J］．人文杂志，1998（1）：20.
[2] 李德学，张连良．价值的本质及价值观的有机构成［J］．人文杂志，2002（4）：31.
[3] 马瑞清，论价值一般［D］，兰州：西北师范大学，2006

出来的以什么为有价值、什么为无价值的对象性认识。具体价值观念所反思的对象是具体事物的属性、功能及其对人的意义。比如民主价值观念、自由价值观念、权力价值观念、幸福价值观念、人生价值观念、求偶价值观念、求学价值观念、就业价值观念等。

综上所述，在哲学中价值观念与价值观是具体与一般的关系。价值观是关于价值、价值关系的整体的根本的看法和观点，是人的一种自觉意识。它存在于价值观念之中，通过价值观念表现出来，但它是价值观念的内核，是最基本的价值观念〔1〕。

日常生活中使用的价值观指的是具体的价值观念，与哲学里的价值观的意义有所不同。本研究中的“信息技术价值观”指的是主体对信息技术的具体价值观念，即信息技术是否具有价值，主体如何认识这些价值，以及由此带来何种信息技术价值取向等。

二、价值观的结构

研究价值观，首先要明确价值观的结构。就价值观的构成来说，可以从多个角度进行分析。李德学、张连良总结了认识形式、知识基础和自身内容三个方面〔2〕。辛志勇则总结了元结构、内容结构和维度三个方面。综合文献分析结果，本研究将从知识基础、元结构和内容结构三个方面进行分析。

（一）知识基础

从构成价值观念的知识基础的角度看，具体价值观念的形成，至少需要三方面的知识〔3〕，这三方面的知识是基于对价值本质的基本认识的。

1. 关于客观价值对象的知识，提供的是价值对象的根据。

客观价值对象的知识是作为价值客体的客观事物本身的知识，包括客观事物的本质是什么，它有哪些客观属性，有哪些特征，它的发展规律是什么等。这些知识都是人们对客观事物的理性认识，是对客观事物条理化和系统化的主观反映。

只有对客观价值对象有了正确的认识，尊重客观价值对象的发展规律，结合主体的需要，充分发挥客观价值对象的作用，对主体产生效应，才能产生价值。所以客观价值对象的知识提供的是价值对象的根据。

2. 关于主体自身的知识，提供的是主体自身的根据。

主体自身的知识是指对主体自身的认识，包括主体本身的特性、主体的需求、主体的发展取向、主体改造和利用客体的能力等。这些知识是人们对自身的理性认识，是主体的自觉意识，提供的是主体自身的根据，是价值关系产生的源泉。

3. 关于主客体相互关系的知识，直接提供价值观念的根据。

主客体相互关系的知识是建立在对客观价值对象的认识和对主体自身的认识基础上的，对客体能够满足主体需要，能否促进主体积极发展，对主体产生何种效应，主体如何利用和改造客体对象等各种实践关系的认识。这些知识本身就是对主客体价值关系的反映，构成了具体的价值观念的内容。

〔1〕郭凤志. 价值、价值观念、价值观概念辨析 [J]. 东北师大学报（哲学社会科学版），2003（6）：44.
〔2〕李德学，张连良. 价值的本质及价值观的有机构成 [J]. 人文杂志，2002（4）：31.
〔3〕李德学，张连良. 价值的本质及价值观的有机构成 [J]. 人文杂志，2002（4）：35.

这三种知识是合理的价值观念所必不可少的基础。知识条件的残缺不全，往往是导致不合理的价值观念产生的重要原因。一方面，如果对客观价值对象一无所知，对客观价值对象的利用就无从谈起。客观价值对象即使对主体产生效应，主体也无法把握；另一方面，如果不能正确了解主体自身，就无法对客观价值对象作出取舍和改造，产生不了应用的价值；最后，对主客体关系认识的偏差和缺失会形成价值观念的偏差和缺失。

（二）元结构

价值观念是一种信念，价值意识、价值认识、价值判断是价值观念的基础，但这些还不是价值观念，只有当它们成为人们进行价值评价、判断和选择的范型和定势时，才成为价值观念。也就是说价值观念不包括价值情感和价值行为，但价值观念会对它们产生影响。对于这个问题的另外一种说法是，情感是价值观的表现，行为是价值观实现的途径。例如汪辉勇在《关于价值观的哲学考察》一文中说："价值观既可以说是一种以价值为对象和内容的观念，也可以说是认识和掌握对象世界的一种方式。价值观最本质的内容是价值标准和价值取向。人与人之间通过价值选择和价值态度来传递和交换他们的价值观。价值观是在实践以及学习中形成的，又在实践和学习的过程中发生改变[1]"。

很多哲学书籍中的价值观念定义则认为价值观念包含情感和行为。例如在杜奇才著的《价值与价值观念》一书中就认为价值观念指的是："实际存在和可能存在的主客体之间的价值关系、主体的价值创造活动及其结果的性质和意义在人的意识中的反映，以及由此而形成的比较确定的心理和行为取向或心理和行为定势。它是人们在一定的环境中的动机、目的、需要和情感意志的综合体现。从其产生过程来看，价值观念是人们对价值的认识和评价过程的内化，是人们对价值关系、价值创造活动、价值物的长期经验的理性积淀，是价值认识的结果在主体意识中的'凝聚'；从价值观念的结构和功能特征看，它是主体的价值意向、情感意志、思想观点、行为取向的综合[2]。"

虽然不能说情感和行为属于观念，但无疑存在价值倾向和价值行为。我们还可以从一个完整的价值活动的角度来理解价值观。在阮青著的《价值哲学》一书中讨论价值演进时，认为价值演进有两种含义，其一就是价值作为一种活动的演进。价值活动的演进经历了价值认识、价值评价和价值选择、价值创造、价值实现几个阶段，最终完成自己的活动周期[3]。大多数的价值哲学都认同这种观点，这也构成了价值观研究的主要内容。因此，本研究认为：价值观的元结构包括价值判断、价值态度和价值行为三个方面，分别对应价值活动的三个阶段：价值认识、价值选择和价值创造。

1. 价值认识（价值判断）

价值活动的第一个阶段是价值认识。在很多的价值哲学中，也将这一过程称为价值评价。例如在阮青著的《价值哲学》中，认为："价值评价是主体对客体是否能够满足主体需要及其程度的评价，它是价值关系在人们意识中的反映，是一种主观形态的东西[4]。"

另外有一些人则将价值认识深化，分为价值认知和价值评价。在王玉樑主编的《价值

---

〔1〕 汪辉勇. 关于价值观的哲学考察 [J]. 湘潭大学社会科学学报，2002 (1)：43.
〔2〕 杜奇才. 价值与价值观念 [M]. 广州：广东人民出版社，1987：102—103.
〔3〕 阮青. 价值哲学 [M]. 北京：中共中央党校出版社，2004 (8)：277—278.
〔4〕 阮青. 价值哲学 [M]. 北京：中共中央党校出版社，2004 (8)：82.

和价值观》一书中有这样一段话："价值认识包括价值认知和价值评价。价值认知是以价值作为认识的客体而获得的知识，是获得客体价值知识的过程；价值评价不是仅仅认知客体本身，而且是对价值的评定（度量、分析、表达）。价值认知是排斥主体情感、兴趣、愿望等；而评价却恰恰主要表现为主体情感、兴趣、愿望等的重要作用。二者最深刻的区别，在于二者在各自的关系中主体的地位（或位置、立场）不同。在价值认知关系中，认识主体是外在于认识对象，撇开对象与主体自身的价值关系去考察客体（价值关系）的；而在价值评价中，客体及其系统与主体自身构成价值关系〔1〕。"

在哲学中通常区分价值认识和事实认识这两个概念。所谓价值认识，是人类认识的一种特殊形式，与人们通常所讲的反映客观事物的自然属性、内在规律的事实认识不同，它以客观存在的价值关系为对象，是对主体与客体之间的价值关系，即客观事物对于人和人类的意义的反映。人们关于客观现实的美丑、益害、善恶的判断都属于价值认识的范畴〔2〕。

概括来说，价值认识指的是主体对客体与主体之间的价值关系的反映，是主体对客观存在的价值物、价值活动、价值关系的性质和意义的认识、判断、评价。价值认识的对象是客体和主体之间的价值关系，它主要是以评价、判断的形式来反映这种关系。

另外如果把价值认识作为一个名词来使用，则指价值认识的结果，它和价值观念不完全相同。从内容上来看，价值认识是对某一具体事物（包括人）的意义的反映，是对某物、某事、某人对于社会或他人是否有用的判断、了解，实质上是一种知识，不可避免地带有认识主体的个人色彩，受他的观点、趣味、立场、情感等因素的影响。价值观念则是对某类事物的总看法，更多地带有社会的性质，往往是为一些人、一定的社会集团所共有，可以进行讨论和社会交流〔3〕。

从获得的过程来看，价值认识是人的有意识的自觉的活动及其结果，它是通过人的积极努力而实现和获得的。价值观念在很大程度上则是主体长期社会化过程中不知不觉地积淀在思想深处的，因此它对主体活动的作用也时常带有自发的特点，表现为所谓"不言自明"、"不假思索"等情形〔4〕。

2. 价值选择（价值态度）

价值选择是价值活动的第二个阶段。所谓价值选择，即根据对象所具有的价值，或者说根据一定的价值标准来决定主体的进退以及对于对象的取舍〔5〕。

价值选择是人们按照某种价值取向在价值认识或价值评价的基础上对自己的价值活动所进行的选择过程。价值选择与价值评价有着密切的联系。首先，价值评价是价值选择的基础。其次，价值选择又是价值评价的实现。价值评价与价值选择又是有区别的。首先，这种区别表现为价值演进过程先后的不同。其次，这种区别最主要表现为活动方式的不同。价值评价主要是一种观念性的活动，价值选择不仅是一种观念性活动（如确立选择目

---

〔1〕 王玉樑主编．价值和价值观 [M]．西安：陕西师范大学出版社，1988：23.
〔2〕 袁贵仁．价值观念与价值认识 [M]．人文杂志，1987 (3)：23.
〔3〕 袁贵仁．价值观念与价值认识价值 [J]．人文杂志，1987 (3)：24.
〔4〕 袁贵仁．价值观念与价值认识价值 [J]．人文杂志，1987 (3)：25.
〔5〕 汪辉勇．关于价值观的哲学考察 [J]．湘潭大学社会科学学报，2002 (1)：44.

标），更是一种实践性的活动[1]。

价值选择还是价值观的外在表现形式。价值观是不能被直接观察到的，只能通过价值观的表现形式——价值选择和价值态度来推断价值观的存在及其性质。另外就像价值判断是价值认识过程的表现形式一样，价值态度是价值选择过程的表现形式。所谓价值态度，是人们通过言语和非言语的行为而表露出的对于对象世界的爱恨、亲疏的情感状况[2]。

3. 价值创造（价值行为）

价值活动的第三个阶段是价值创造。价值创造是价值系统或者说价值活动不可缺少的一部分，这是因为不付诸实践的价值目标，对人来说只能是海市蜃楼，永远得不到真实的满足[3]。价值创造的基本途径是实践，特别是生产实践[4]。价值观念本质上是一种实践观念。人类的创造性的实践活动是人的价值的客观基础，是一切价值的源泉。也正是人类实践的价值特性，决定了人的活动不仅要以对事物的合乎规律性的认识为前提，而且要最终实现和满足人的自为性和目的性的需要[5]。

价值创造的实践活动是对价值认识和价值选择的进一步深入。如果对客体与主体的价值关系持肯定的评价态度，那就会表现为崇尚、向往或追求的行为取向；相反，如果对客体与主体的价值关系持否定的评价态度，那则会表现为贬抑或舍弃的行为取向。因而，价值认识、价值评价过程以及由此产生的一定的行为取向，实际上也就是价值目标的形成或选择过程[6]，是价值实现的实践过程，它可以通过人们的行为来体现。

（三）内容结构

不同的价值观念其内容也不一样，应该根据不同的研究对象进行界定。本研究中的信息技术价值观的内容结构将在第二章中详细讨论。

三、价值观的合理性判断

虽然不能说哪些价值观是正确，哪些价值观是错误的，但价值观却存在是否科学和合理的问题。李德学、张连良认为，一种具体价值观念要保证其科学性、合理性，至少要满足以下三个必要条件：第一，具有合目的性与合规律性相统一的本性。第二，具有不同层次、不同方面有机结合的合理结构，诸如，一般价值论观念与具体价值观念的统一、价值情感与价值判断的统一等。第三，具有明确而具体的、多方面的内容，如目标、手段、条件观念等内容相结合的实在内容[7]。第三个条件要涉及不同的研究对象和具体价值物，因此本研究主要从前两个方面讨论价值观的合理性判断问题。

（一）合目的性与合规律性的统一

从价值的效应说来看，价值观反映的应该是人们对客观事物对主体产生效应的认识以及由此带来的态度和行为问题。因而，一个科学的价值观，至少应反映两方面的内容：

---

〔1〕阮青．价值哲学［M］．北京：中共中央党校出版社，2004（8）：117－119.
〔2〕汪辉勇．关于价值观的哲学考察［J］．湘潭大学社会科学学报，2002（1）：44.
〔3〕杜奇才．价值与价值观念［M］．广州：广东人民出版社，1987：99.
〔4〕阮青．价值哲学［M］．北京：中共中央党校出版社，2004（8）：251.
〔5〕郭凤志．价值、价值观念、价值观概念辨析［J］．东北师大学报（哲学社会科学版），2003（6）：44.
〔6〕杜奇才．价值与价值观念［M］．广州：广东人民出版社，1987：86.
〔7〕李德学，张连良．价值的本质及价值观的有机构成［J］．人文杂志，2002（4）：35.

1. 合规律性

价值观的合规律性是指正确地反映当前的客观事物的内容及客观事物的发展趋势。即正确地反映现实、反映事物的现状；正确地预测客观事物的未来发展趋势。

如果主体对当前客观事物的内容及客观事物的发展趋势估计不足或认识不到位甚至是误判、错判，那么，该主体的价值观就是不科学、不合理的。

2. 合目的性

价值观的合目的性是指在反映主体的价值要求基础上，主体要正确认识价值物对主体产生的效应，即在观念中设定的未来结果体现着主体的愿望、意志、利益、理想等[1]。

严格来说，价值物产生的效应，不仅有正面的、积极的，也不可避免存在消极的、反面的，因此要求主体不仅要反映自己的价值要求，更要正确认识价值物产生的效应。

3. 合目的性与合规律性的统一

科学合理的价值观不仅要合规律性，还要合目的性，是合目的性和合规律性的统一。即主体正确认识价值物的发展规律，并且正确辩证地认识价值物带来的效应。

（二）逻辑一致性

由于价值观是一个复杂的系统，不仅包括一般价值观和具体价值观念，还包括价值认识、价值选择、价值创造和价值实现等一系列过程。科学合理的价值观系统还应该是逻辑一致的，这种逻辑一致性包括两个方面：

1. 元结构一致性

元结构一致性是指价值判断、价值态度和价值行为的一致。正如前面所论述，如果对客体与主体的价值关系持肯定的评价，就会做出肯定的价值判断，相应的就会表现为崇尚、向往或追求的价值态度，采取积极的行为去创造和实现价值；相反的，如果对客体与主体的价值关系持否定的评价态度，就会做出否定的价值判断，相应的就会表现为贬抑或舍弃的价值态度，不会采取相应行为。如果价值判断、价值态度或者价值行为出现前后矛盾，则无法判定人的价值观念到底是什么样的，这样的价值观也就不是科学合理的。

2. 一般与具体一致

一般与具体一致指的是一般价值论与具体价值观念的一致，即具体价值观念中反映出来的对价值和价值观念的认识与哲学中所探讨的价值本体论和价值认识论应该保持一致。

四、价值观的特点

如前所述，价值观是人们在实践中形成的关于价值的一般观点，是主体对价值和价值关系的反映，并对主体的态度和行为产生相对稳定的影响。因此，价值观具有主观性、稳定性、社会历史性、倾向性四个特征。

（一）主观性

一方面，价值观属于意识形态领域的概念，是对事物存在和发展的性质和意义的反映、理解或评价，带有很强的主体性色彩，所体现的是主体对不同效应的认识，主体都是依据主体自身的需要对客体产生的效应进行评价的。

---

〔1〕 杜奇才. 价值与价值观念［M］. 广州：广东人民出版社，1987：88.

另一方面，作为价值主体的人，他们有着不同的行为习惯，不同的体验。因此，价值观具有主观性，体现着主体发展自己、完善自己的意识和要求，蕴含着主体的情感、喜好、追求、意向等。主要表现在参与、使用、看法的自主性上。

（二）稳定性

价值观是主体在长期接触和使用客体的过程中形成的，然后经过对各种价值观念的积淀、筛选、浓缩和经验的反复证明，才产生了一种基本的立场和态度，具有相当的稳定性。

价值观的主要表现形式是信念、信仰和理想，它们一旦形成，往往不易改变，反过来对人的价值观念的进一步发展和走向有指导和统摄作用，成为具有支配性的思想基础，可使个体的行为朝着某一个目标的实现而做出努力，并通过多种方式进行表现，如兴趣、愿望、目标、理想和行为等。

（三）社会历史性

价值观是长期社会化和内化的结果，不同的社会环境和文化背景会使人们形成不同的价值观。

一方面，价值观是在特定历史条件下形成的，受到社会的政治经济发展水平、科学文化水平、民族传统文化、外来思想文化等各方面的影响和制约，深深的打上社会和历史的烙印，是历史的产物。整个社会的价值观，实质上是该时代的社会意识或观念形态的性质和内容的缩影，体现着该时代的社会意识或观念形态的精华。

另一方面，价值观的变化也是由决定该价值观形成的社会存在发生的变化引起的。一定社会的价值观念的变化，在一定程度上集中地反映了整个社会意识形态或社会观念体系的变化。

（四）倾向性

任何价值观都内在的包含着对事物的评价，什么事物具有价值，什么事物不具有价值，什么事物应该选择，什么事物应该避免。价值观表述了人们在态度和行为方面的明显倾向性。

价值观影响着个人的态度，甚至还影响着群体态度和整个组织的态度。如果个体或者群体接受和认同某项价值观和价值指向，就会对符合这一价值倾向的各种事物和思想行为给予积极的肯定；对悖于这一价值倾向的各种事物和行为，则采取否定的态度。

相应的，价值观影响着个人的行为，甚至还影响着群体行为和整个组织行为。在同一客观条件下，对于同一个事物，由于人们的价值观不同，就会产生不同的行为。在同一个单位中，有人注重工作成就，有人看重金钱报酬，也有人重视地位权力，这就是因为他们的价值观不同。

五、价值观的形成

美国社会心理学家凯尔曼对内化过程三个阶段的描述，对分析价值观形成的内化机制有重要启示[1]。结合我国学者对价值观形成发展的心理机制[2]，本研究认为价值观的形成分为以下几个阶段：

（一）服从阶段

人们为了获得物质与精神的报酬或避免惩罚而采取的表面的顺化行为。服从行为不是自己真心愿意的行为，而是外在压力造成的，因而在认识与情感上与他人并不一致。

（二）同化阶段

人们不是被迫而是自愿接受他人或集体的观点、意见，在价值观念上使自己与他人和集体保持一致。这一过程还可以进一步分为价值理解和价值认同两个阶段。

1. 价值理解

理解是个体在自己的思想结构与外来信息之间建立某种联系，用自己的思想结构去领会外来信息，从而使其转化成自己的思想的过程。价值理解表现为主体获取价值信息，即理解某个事物的价值。

2. 价值认同

认同是一种自觉或不自觉的赞许和遵从。从价值认同的发生学角度考察，价值认同可分为自然认同和教育认同。自然认同是指随着社会个体的成长和成熟，经由人的血缘、地域、民族风俗习惯、各种节日礼仪等自然条件的作用而实现的，它们编织成了一个自然而然的价值认同空间，只要生活于其中就会自然地认同有关的社会价值规范。理性认同又被称为教育认同和学习认同，它主要是通过后天的各种教育学习，使个体对社会价值规范内容与意义具有理性的认识，从道理上认识到这种规范的好处，进而遵从它。

（三）内化阶段

行为主体真正从内心深处相信并接受他人与集体的观点，将其纳入自己的观念体系，成为自己观念体系中的一个有机组成部分。内化又可以分为价值选择和价值整合。

1. 价值选择

选择是在两个或两个以上的对象中间，经过反复的、多方面的权衡做出筛选决定的行为。价值选择是个体在对社会价值规范理解、认同的基础上，按照一定的目的，根据自己的内在尺度，自觉地对客体的属性或功能及其对主体可能产生的效应，进行多方面分析、比较、权衡、取舍的行为过程，以求用最小的代价取得对主体最大的价值。具体地说，人们做出某种价值选择，也就意味着他发现了所选择范围内对象价值的大小，并最终确定一种对自己具有最大价值的对象或规范，排除了其他选择。

2. 价值整合

整合指在事物的各个组成部分之间进行协调有序，系统综合的加工使之趋于一致状态的过程。价值整合是个体将纳入个体价值体系的各方面价值从个体发展的全局出发加以调整、修正、更新、补充和完善的过程，使个体价值体系中的各种价值兼容并存，在总体上获得较高的、较全面的价值实现。

---

〔1〕董步学，徐慧诠．大学生价值观形成的内化机制与教育引导 [J]．江西教育学院学报（社会科学），2007（10）：51.

〔2〕周莉．论个体价值观形成发展的机制 [J]．河南社会科学，2005（5）：11－12.

六、价值观的影响因素

影响价值观的因素很多，例如从知识基础的角度而言，对客体价值对象本质、属性和功能的认识偏差会影响价值判断；对价值物产生效应的认识偏差会影响价值态度；利用客体的知识和能力缺失会影响价值行为。从元结构的角度而言，对价值判断的偏差会影响其后的价值态度和价值行为。从价值观的特点来看，价值观的社会历史性决定了个体价值观受到特定社会意识形态和主流舆论的影响，从主观性来看，受到个人所处环境、个人需求、个人能力以及个人的物质条件的影响等。结合国内价值观影响因素的相关研究[1]，这些因素可以分为外在因素和内在因素。

（一）外在因素

影响价值观的外在因素主要包括家庭、教育、社会文化等背景因素[2]，本书按照从宏观到微观的顺序来探讨它们。

1. 社会因素

社会因素对价值观的影响有两个方面。一是作为社会意识和观念形态的整个社会的价值观念受到社会的政治经济发展水平、科学文化水平、民族传统文化、外来思想文化等各方面的影响和制约，深深地打上社会和历史的烙印，是历史的产物。二是个体价值观受到社会整体价值观的影响。个体作为社会中的一员，他的思想和观念不可避免地受到社会主流思潮的影响。首先个体价值观是在社会整体价值观的熏陶下建立起来的，所有的价值判断和价值倾向都根植于现有的观念体系；其次个体价值观与社会整体价值观出现背离或者不符时，总会受到来自社会舆论的压力。整体价值观通过社会舆论、大众媒体以及政策法规等途径时时影响着个体价值观。

2. 教育因素

教育是影响价值观形成的直接因素。首先，学校教育的各个阶段，小学、中学和大学都开设专门的价值观教育课程，这些课程无论是社会、思想品德还是学生修养，都是社会成员人生观和价值观形成的直接途径。其次，学校通过各种规章制度、评价标准来约束和引导学生的价值行为，培养社会个体的价值倾向和价值选择，从而进一步影响他们的价值观念。

3. 家庭因素

社会个体在接受教育或者说是社会化教育之前，首先要接受的就是家庭教育。这就使得社会个体价值观的形成不可避免地要受到家庭因素的影响。父母作为孩子的第一任教师，他们的价值取向、教育方式和言谈举止都会潜移默化地影响着孩子价值观的形成。这突出的表现在来自不同家庭背景的人，在价值观上存在着显著的差异。

此外有研究表明同伴效应影响价值期望[3]。同伴效应是指个体与年龄相仿的好朋友、好同学、好邻居相互之间的影响效果。一个方面是未成年人对同龄人的不良行为表示厌恶和反感，并不因为同龄人是自己的亲密伙伴就容忍；第二个方面是在有痛苦时往往想到自

〔1〕周鹏．大学生职业价值观的思考与展望［J］．沈阳农业大学学报（社会科学版），2008（1）：50－52．
〔2〕贺腾飞，肖海雁．当代青年职业价值观问题研究［J］．太原科技，2008（5）：27－29．
〔3〕叶松庆．当代未成年人价值观的演变特点与影响因素［J］．青年研究，2006（12）：1．

己的同伴，最想述说的对象是最要好的朋友，胜过自己的父母、兄弟姐妹等亲人。同伴效应也是价值观的重要影响因素。

（二）内在因素

就内部因素而言，价值观主要受个人的需要、兴趣、能力、爱好、性格、气质的影响。有些相关研究对它们进行了进一步的分类，认为兴趣和爱好是形成价值观的前提性因素；能力是形成价值观的基本因素；气质、性格是形成价值观的稳定剂〔1〕。本书从以下几个方面讨论这些因素。

1. 自身需求

从价值本质的角度来说，主体需求是形成价值关系的必备条件之一。如果主体没有需求，即使价值客体的属性与功能再好，也不会被价值主体利用，也就不会对主体产生效应，自然价值主体也就无法把握和认识客体的价值，无法形成相应的价值观念。兴趣与爱好是形成主体需求的众多条件中的一部分，当然，主体需求与兴趣和爱好一样，可以被看做价值观形成的前提性因素。

2. 职业选择

个体对职业的选择对价值观的形成也有很大影响。对职业的选择决定了价值主体对复杂社会的关注方面不同，接触和了解的事物不同，对相应价值客体的理解不同，对相应价值关系的把握不同。另外一方面，不同的职业有不同的职业道德、职业操守，甚至从事这一职业的人会形成特殊的社会意识和观念体系，这些都会影响到主体的某些具体的价值观念。

3. 知识

从价值观的知识基础的角度讲，对价值客体的了解，也就是价值主体掌握的价值客体知识是价值观知识基础的重要组成部分。价值主体掌握的价值客体的知识多，也就意味着价值主体对价值客体越了解，也就能更好地改造和利用价值客体，形成价值关系。反之，如果缺乏价值客体的相关知识，自然也就无法为好好利用。

此外其他研究还表明，代表知识多少的文化程度对价值观也有影响。文化程度越高的人越重视"内在价值"，职业需求也越高，他们一般都有较大的职业抱负，希望在工作中能充分施展自身才能，实现自我价值〔2〕，从而对价值观产生影响。

4. 能力

价值观作为意识形态，它所反映的是价值关系的实现过程，而价值关系的形成必须通过价值选择和价值实现等活动来完成。在进行价值实现活动时，改造和利用价值客体的能力是实现价值关系的关键因素。主体改造和利用价值客体能力的缺失或者不足会导致价值实现的失败，影响价值关系的形成，从而影响价值认知和价值观念的形成。

第三节　技术价值观

过去一个世纪里，时间、语言、自由、技术相继或同时受到哲学的重视，今天看来，

〔1〕周鹏. 大学生职业价值观的思考与展望 [J]. 沈阳农业大学学报（社会科学版），2008（1）：50－52.
〔2〕贺腾飞，肖海雁. 当代青年职业价值观问题研究 [J]. 太原科技，2008（5）：27－29.

技术有可能成为一个整合的因素。技术有着漫长的历史和深刻的人性根源，它同时规定着自由的实现和自由的丧失，是人并无可能简单放弃但在今天明显存在着危险和挑战的东西。今天，越来越多的现象学家把自己的眼光转向了“技术”这个我们时代最显著但又最隐藏的“现象”；越来越多的后现代主义者尝试着克服技术的种种方案，因为在他们看来，技术就是现代性的象征和标志。问题在于，由于技术在哲学中的历史性缺席，我们有可能尚未真正地经受技术。人的本质必须经过技术的方式来构建，这就把技术无形中放在了公开场的地位[1]。

技术价值论是技术哲学重要的研究内容。信息技术属于技术的范畴，因此关于技术价值论的相关研究是信息技术价值观研究的重要基础。本节将主要从技术价值和技术价值观两个方面讨论技术价值论的相关内容，以便为后期的研究奠定技术哲学的基础。

一、技术价值的概念

（一）关于技术的概念界定

对技术的概念进行界定是比较困难的事情。如果查阅词典就会发现因为角度不同，哲学家、经济学家、工程技术专家、医学家、社会学家们对技术的定义并不相同。这些定义有几十种甚至上百种，但很难说哪一个技术定义涵盖了所有的技术意义而获得一致公认。

究其原因，我们认为至少有两个。其一，“其实，承认技术的多重决定因素就无法设想人们会一致同意任何一个定义[2]。”这是德国技术哲学家拉普从技术的本质属性出发总结的。其二，技术在不同领域所发挥的功能和作用的不用，以及学者们下定义的视角不同，也是一个重要原因。不过，为了工作和研究的需要，人们还是从广义和狭义两个方面分别对技术进行界定。

1. 广义的技术[3]

根据刘美凤教授对技术本质的分析，广义的技术是物质手段或工具、技能、过程或活动、意志和知识的整体。首先，技术是有目的性的。技术是与人类的意志和目的密切相关的，是以达到自身创造世界和改造世界为目的的。因此，技术是负载人类自身价值的。其次，技术是有智慧的，即技术不是科学知识或经验的简单应用，而是发明或创造性地提出科学知识或经验并有效地应用于实践的原则、操作程序和方法，是一种创造性的转化和应用，体现人类的智慧。最后，技术是整体性的。技术是实践的过程，是人们为解决实际问题而采取的行动。技术在某个领域的应用，绝不是为了用技术而用技术，而是为了解决这个领域的实际问题的。因此，技术应该是根据具体的问题情境而形成的一个整体的解决问题的方案，这个方案包括了技术的所有组成部分。

2. 狭义的技术

所谓狭义技术，则往往是基于某一具体角度对技术的认识。比如：从物质性角度把技术看做是单纯的物质工具，从实践性的角度认为技术就是人们在实践中对客观规律的有意

〔1〕 http://www. edupage. cn/et－philo/u/liyi/archives/2007/155. html 李艺技术哲学志.
〔2〕〔德〕F 拉普. 技术哲学导论 [M]. 沈阳：辽宁科学技术出版社，1986：20.
〔3〕 刘美凤. 教育技术学学科定位问题的研究 [D]. 北京：北京师范大学，2002：47－51

识的应用，从知识性角度指出，技术是关于如何行事，如何实现人类目标的知识。

由于狭义的技术大多是从技术的某一个侧面对技术进行的描述，他们都不能揭示技术的全部内涵，因而不能解释技术的本质。技术价值观研究有赖于对技术价值的理解，准确而全面地分析技术本质是技术价值研究的基础。分析和研究技术价值观研究的主要目的在于为信息技术价值观提供技术哲学的基础。因此，这里采用广义的技术，即技术是人类为满足自己生存发展的需要，利用自己的智慧和自然规律所产生的一切物质手段、经验方法和技能的总和。

（二）关于技术价值

作为技术哲学的核心问题，技术价值贯穿在技术发生、技术应用和技术效果等实践环节之中，对技术实践起着导向作用。技术价值论涉及两个相互关联层面上的问题：技术的内在价值和技术的外在价值。我们把技术价值分为内在价值与外在价值两部分，这样就可以展示出技术本身的发展过程，使我们不仅能探讨技术产出阶段内部存在的主体与客体之间的价值关系，而且还能认识技术对人类社会所表现的丰富多彩的外在价值。

1. 技术的内在价值

技术的内在价值是技术共同体在技术产出活动中与技术客体相互作用和相互制约，逐渐形成的凝聚在对象物、知识中的价值，是共同体成员自身的价值观念和本质力量内化于技术的各种要素之中所形成的。人们如何选择技术、如何开发技术以及开发出怎样的技术，无不体现了价值的判断与选择。

技术哲学家米切姆（Carl Mitcham）认为，技术由以下四类要素互动整合而成：

①作为对象的技术，包括装置、工具、机器、人工制品等要素；

②作为知识的技术，包括技艺、规则、技术理论等要素；

③作为活动的技术，包括制作、发明、设计、制造、操作、维护、使用等要素；

④作为意志的技术，包括意愿、倾向、动机、欲望、意向和选择等要素[1]。

按照米切姆的技术四要素论，把技术的内在价值划分为以下四个方面：

①物化于对象中的技术价值。

技术作为人类发明创造的产物，首先是人类大脑中的蓝图，但它总要以某种物质形式表现其存在，其物质表现形式有装置、工具、机器、人工制品等。我们看到的虽然是一些具体的、没有言语和思维的实物，但并不代表这些实物就不体现技术主体的价值取向与价值选择。

②技术知识中的价值。

从实践的角度来看，技术知识比纯粹的科学知识内容更复杂和丰富。“因为它远远不是仅限于说明现在、过去和将来发生的事情或者可能发生的事情，却不考虑决策人做些什么，而是要寻求为了按预定方式引起、防止或仅仅改变事件发生的过程，应当做些什么”。

技术知识实质上可分为两部分：一为实体性知识，它主要由科学理论在接近实际情况下的应用；二为操作性知识，指技术在实施过程中涉及到人的安全、效率、尊严、风险、权力等问题的应用知识。由于在不同的文化、经济、政治等背景条件下，各个不同的技术

[1] Carl Mitcham. Thinking through technology：the path between engineering and philosophy [M]. Chicago：The University of Chicago Press，1994.

共同体对这些涉及到人的权力等概念有各自不同的理解，操作性知识在很大程度上反映着技术共同体的价值取向。由于不同的技术主体观念价值的差异，他们对同一项技术的认识以及对相应的技术知识所反映的价值判断也存在着差异，这种判断有时候甚至不是中立的。我们常常可以通过某些技术陈述解释等知识来探讨技术主体在其中隐含的价值取向。

③技术产出活动中的观念价值。

技术主体与技术客体之间在长期相互作用中，必然会发生主体客体化与客体主体化过程，技术主体在技术开发活动的实践中，会改造其主观世界，改变其原有的价值观念并形成一些新的价值观念，这些观念由于可以指导主体的发明创造活动，因而具有价值。这些观念价值以一种有形或无形的形式约束着技术共同体成员的行动方式，通过技术共同体成员的种种追求与行动准则表现出来。

④内含于技术中的意志价值。

拉普在《技术哲学》中说，“把意志因素也包括在技术之内，这就把技术同由文化所限定的评价方面联系了起来。”按照马克思的话，已经产生的对象性存在的技术实体，作为“一本打开了的关于人的本质力量的书”，作为“感性的摆在我们面前的心理学”，不仅展示了人的本质力量，也生动地描述了其中所体现的人的意志心理因素。因此所谓“技术是意志”，就是说技术不仅以自然法则为基础，包含知识因素，体现人对自然的能动关系，同时它还以人的目的、意向、愿望和文化理想为基础，依赖于人的价值取向和价值选择[1]。

上述方面以外，技术内在价值还表现在诸如技术研究活动的目的、方法的选择、手段的运用等等，在此不再分析。技术内在价值实际上可以看成是技术共同体在社会实践的基础上形成的。由于社会生产方式、经济地位、知识文化背景、技术客体的属性等因素赋予主体的价值、行为的共性，对这些共性的研究有助于我们更加全面地认识技术价值。

2. 技术的外在价值

对于整个社会来说，始终存在着经济、政治、文化、军事等多种行业，这种不同的行业同技术的应用结合起来后，就表现出丰富多彩的技术外在价值（即技术的价值）。以下便是技术的几种主要的外在价值表现形式。

①技术的经济价值。

技术的经济价值是指技术转化为现实的生产力而表现出来的价值，这种价值一般以经济效益为主要指标。经济价值主要表现在劳动生产率的巨大提高，社会财富的增加上；表现在对产业结构变化的促进上；表现在经济活动中国际分工的加强上等。

②技术的政治价值。

技术的政治价值是指技术通过转化为生产力所实现的经济价值的政治功能以及科技本身的政治意义。由于任何社会的经济都是起决定作用的东西，政治是经济的集中表现，所以技术政治价值的存在是建立在其经济先存在的基础上的。从根本上说，没有经济价值就谈不上其政治价值。但是，技术政治价值的实现和发挥具有一定的相对独立性。

③技术的文化价值。

技术的文化价值是指技术作为一种人类文明的综合现象所具有的人类文化学意义。文

〔1〕郭胜伟．探析技术的内在价值与外在价值［J］．湖北行政学院学报，2002（1）：70.

化是与自然相对应的一个概念，它的发生与发展显示了作为人不同于动物存在的一个重要特征。在人与自然的相互作用过程中，文化逐渐由简单到复杂，由低级向高级发展。技术历史上的每一次重大的进步，都会对文化产生巨大的作用与影响。技术是各个时代文化的重要构成，它通过文化的三个层次即器物层次、制度层次、观念层次一步步地渗透到文化的各个部分，成为各个时代文化的基本要素。

技术还是文化变迁的重要动力。每种技术的新发明与创造都包含着一种新的文化特质，它们不仅会以一种独特的形式出现，而且本身还包含着独特的价值内容，向人们提供新的知识与观念，并要求人们在实践中重新建构新的价值观念及行为方式来与技术相适应。

④技术的精神价值。

技术的精神价值是指技术对人类精神世界的作用和意义。作为知识的体系，技术本身就是人类重要的精神财富。人的精神追求有着极为丰富的内容，人们可以追求艺术的享受，可以追求道德修炼的境界，也可以追求宗教的庄严和神秘等，而对技术的追求也是人的崇高精神追求。

当然，技术的外在价值不可能仅仅表现在以上表述的几个方面，还可能会表现在军事等其他方面，但是凡事必有主次，这里主要分析的是技术外在价值的主要表现。而且技术价值是技术主体与技术客体相互作用、相互制约、相互规定的产物。考察技术价值的表现形式，我们不仅要从主体的角度去认识，还必须看到技术客体自身的属性对人的影响。只有从这两个角度去认识，我们才能更加全面地了解技术价值丰富的表现形式与内容。

二、关于技术价值观

文献研究结果显示，目前关于技术价值观的研究主要集中在技术哲学领域，尽管最近几年教育技术领域的部分学者也涉及到对教育技术价值观的研究，但这些研究结果主要是技术哲学中对技术价值观的一种延伸或移植。因此，这里主要介绍技术哲学领域对技术价值观的研究，从而为整个信息技术价值观的研究奠定更加坚实的技术哲学基础。当然在技术哲学领域不同的研究者也从不同的视角对技术价值观进行了多方面的研究和探讨，总的来讲，这些研究可以在技术价值观的发展历史、技术价值观界定、技术价值论以及技术如何负荷价值等几个方面为信息技术价值观提供研究思路。

（一）不同阶段的技术价值观

技术价值观是对技术价值的看法，是对技术价值本质的一般概括，是人们在对技术的认知基础上，在技术实践中所形成的关于技术价值的认识。技术价值观在很大程度上受着人的自然观的影响。随着技术的不断发展，技术价值观也经历了几个不同的阶段：

1. 古代的技术价值观

在古代，原始的技术状况决定了自然观把整个自然界看成是一个笼统的、模糊的、混沌的整体。人们对“人与自然”关系的看法或追求的理想目标，就是怎样去顺应自然。在实践层次上，由于当时人类只能依靠原始的技术向自然界索取所需的生活资料和简单的生产资料，因此对自然的自觉或不自觉的合理开发也好，有意无意地滥用甚至损害、破坏也好，都不会对自然界、对人、对社会产生显著的影响。

2. 近代的技术价值观

近代机械论的自然观把整个自然界看作按照一定规律自动运转的机器。人们只要通过分析和实验对自然界进行“审讯”和“拷问”，掌握了规律这把钥匙，就可以从自然界获得自己所需的生产和生活资料。近代技术的诞生及其在生产上的应用，为人类财富的积累提供了有利条件，人们开始把技术看做是掠夺自然的工具和手段，并由此形成影响几个世纪之久的功利主义的技术价值观。功利主义技术价值观是文艺复兴运动和后来的工业革命相结合的产物，具有注重人类价值、经济价值、工具理性，而忽视自然价值、技术价值多样性及价值理性的特点。

3. 现代的技术价值观

二十世纪下半叶以来，新技术的发展日新月异，美国、欧洲、澳大利亚等国家的科学家和学者，以大脑科学、生物克隆技术、基因修复技术、人工超智能、人体冷冻技术、纳米技术、太空技术等的新发展为基础，希望借助于这些技术的巨大潜力，逐步改造人类的遗传物质和精神世界，最终改变人类自身的自然进化，进行了一系列通过技术实现的人工进化的实验探索活动，随之出现了后人类主义技术价值观。技术在社会发展中的日益突出的重要作用导致不少人将技术视为无所不能的东西，如果说过去人们曾经相信“技术是带来解放的上帝”，现在后人类主义者则把高技术当成超过上帝能力的“现代技术图腾”。他们认为，依赖于高技术的发展，世界上就没有解决不了的问题。

以上论述了技术发展进程中几种典型的技术价值观类型，这些论述在当时的技术条件下是有其合理性的，但在今天看来都或多或少存在一些不合理的地方，只是给我们的研究提供一些有益的借鉴和参考。

（二）技术价值观的涵义

技术作为人类的一种社会实践活动，由于它的工具、手段、认识和方法等属性和功能决定了其价值的多元性、复杂性，因而也就决定了技术价值观的广泛性和多维性。研究技术哲学的不同学者对价值、价值观和技术的理解也有所差异，因此对技术价值观的定义的阐述也各不相同。

1. 基于标准说的技术价值观

持这种观点的学者从价值观是判断事物是否有价值及价值大小的标准出发，把对技术应用效果好坏的评价标准看做是技术价值观。如远德玉、陈昌曙教授在《论技术》中指出，“对于技术的社会应用做出好与坏的评价或价值判断，这就是技术的价值观。”

2. 基于价值需要说的技术价值观

这种观点从价值是客体对主体需要的满足来界定技术价值，进而认为技术价值观就是对技术价值的认识。蔡兵在《从马克思的价值观看技术评估的本质》中指出技术价值观就是人们头脑中对技术与需要关系的反映。在实际的评估活动中，技术价值观既起着引导人们正确认识具体技术活动与人的需要关系的作用，又起着根据其所反映的人的内在尺度内容，对该具体价值关系的效果做出肯定或否定的评价作用。

3. 基于看法和观念说的技术价值观

持这种观点的学者从价值观是对某一事物或多种事物的看法出发，认为技术价值观就是对于技术价值的认识，并进一步指出技术价值的认知影响和制约着技术价值观的转向。

李国俊、周宾在《全球价值与技术价值观转向》中认为技术价值观是人们在技术实践活动中和理论上所形成的关于技术价值的比较稳定的认识。荆筱槐在《技术观与技术价值观的概念辨析》中也指出技术价值观是人们在对技术的认知基础上，在技术实现的实践中所形成的关于技术价值的稳定性的认识。

关于技术价值观理论观点和思想的多样化正是其对价值观和技术多维性与广泛性的客观反映。结合前面本研究对价值观的界定，综合技术价值观的各种不同观点，本研究认为技术价值观就是人们在对技术的认知基础上，在技术实践和理论上所形成的关于技术价值的相对比较稳定的认识，是对技术价值和技术价值关系的反应，并对主体的态度和相关行为产生影响。

（三）技术价值论

技术价值论问题是目前技术价值观研究中最重要的内容，不同的专家对此各持己见，概括起来，技术乐观论、悲观论和中立论是技术价值论研究中最具代表性的三种观点。

1. 技术乐观论

技术乐观主义产生于人类对技术的社会功能有所了解但又缺乏理性认识的特定历史条件下，其实质是“技术崇拜”或“技术救世主义”，其基本特征是把技术理想化、绝对化或神圣化，视技术进步为社会发展的决定因素和根本动力。虽然技术乐观主义源远流长，远在上古时代，亚里士多德就曾确信技术会使人类生活变得更加优美，并把人类的制造活动分为“教化技艺”（如医疗和教学等）与“构造技艺”（如钱币、轮船、房屋和雕像等）两种。但是，作为一种社会思潮，技术乐观主义却直至19世纪才最终形成。

技术乐观论者多认为新技术可以解决一切问题，带给未来无限美好的畅想。他们坚持技术本身是负荷价值的，可以对技术本身做出是非善恶的价值判断[1]。

2. 技术悲观论

技术造福人类的同时，也产生了一系列社会问题。面对技术的负面效应，出现了对技术怀疑、批判的技术悲观论。早在18世纪中叶，法国著名的启蒙思想家卢梭就敏锐地察觉到技术的负面效应，指出技术是道德沦丧的主要原因。自卢梭以后，理论界对技术的批判就没停止过，如二十世纪的人本主义、存在主义、法兰克福学派、环境保护主义、罗马俱乐部、后现代主义及科学家都对技术进行了深刻的反思和批判。甚至有学者指出技术悲观论作为一种否定性的技术观，自始至终都存在于人类文明的历史进程之中，只不过由于人们的观察角度、生活体验和价值追求的不同，从而对技术的恐怖心理、批判程度表现不同。其极端表现便是彻底否定技术的作用，主张放弃技术，远离现代文明，退回到原始的自然状态[2]。

技术悲观论的产生除了技术应用的负面后果（人口爆炸、资源匮乏、环境污染、物种消失、核武器恐惧、贫富悬殊、战争不断等）是其重要原因外，它还与技术手段的目的化、技术价值的负荷性、技术社会的自由丧失相关[3]。技术悲观论这也认为技术本身是

〔1〕 远航. 技术的价值负荷过程 [J]. 自然辩证法研究，2003（12）：31.

〔2〕 天涯问答. 悲观主义的科学技术价值观是什么 [EB/OL] Http：//wenda. tianya. cn/wenda/thread? tid=1ff93bc02fc6a8be. 2009-12-30

〔3〕 陈红兵，陈昌曙. 关于技术是什么的对话 [J]. 自然辩证法研究，2001（4）：14.

负荷价值的，可以对技术本身做出是非善恶的价值判断。他们也正是基于这样的价值负荷，对技术价值提出质疑。

3. 技术中性论

技术中性论的发展具有深远的历史背景。按照海德格尔的解释，它最早起缘于人们对亚里士多德“四因说”的偏执理解，是以推动事物发展的动力因取代了事物自身所具有的目的因的位置，从而降低了技术的自主价值，并为人类中心主义的盛行预留了祸根。技术中性论的基本内涵主要体现在三个方面，也就是三个基本命题上。第一，技术是手段，人是目的。第二，技术只具有内在的求“真”价值。第三，技术无善无恶。认为技术不过是一种达到目的的手段或工具体系，技术本身是中性的，它听命于人的目的，只是在技术的使用者手里才成为行善或行恶的力量。最常见的论证就是，刀既可以用作救死扶伤的手术刀，也可以用作害人性命的凶刀。

关于技术价值论的不同观点，在当时都有其产生的社会背景和条件，也都是具有其合理的方面，可以为我们的研究提供一些思路和借鉴。

（四）技术如何负荷价值

如前所述，不同的技术价值论由于对技术理解的不同，从而对技术是否负载价值也形成了各自不同的认识。技术悲观论和技术乐观论基于对技术自身价值的判断指出，技术本身是负荷价值的，可以对技术本身做出是非善恶的价值判断。而技术中性论则主张技术本身不负荷价值，只有在技术应用过程中才能做出价值判断。其实对技术价值的理解，技术本质是一个绕不过去的问题。只有明确技术本质是什么，才能讨论技术与价值的关系，进而说明技术如何负载价值。前面我们也涉及到对技术本质的探讨，考虑到当前信息技术在教育领域应用的现状，我们重点从技术形态的转化过程来分析技术的本质，进而说明技术如何负载价值。这里我们借鉴已有的研究成果，把技术看作是由技术原理到技术发明再到生产技术的转化过程[1]。

技术是作为过程展现自己的，过程的每一阶段既是它本身，又不是它本身。展现的每一阶段又都有其特定的表现形式。所谓技术形态就是技术在特定阶段的表现形式。如远德玉先生在“科技转化为生产力的田字模型与动力机制”一文中阐述了技术形态的转化过程，技术是由技术原理到技术发明再到生产技术的转化过程[2]。在这个转化过程中，清晰呈现了技术是如何负荷价值的，也就是技术价值的实现过程。

1. 技术原理形态

技术的最初表现形式是规划和构思，其结果会以符号、图表、文字或以物化的形式表现出来，是主观技术客观化的过程。这是由目的寻求手段的主观形式，可以称之为主观形式的技术，也就是原理形态的技术，它仍然属于知识的范畴，包含着内在的真价值，反映的是客观因果性，但却是合目的的因果性，目的正是人的价值的体现，只不过这种价值是潜在的。可见，原理形态的技术本身是负载价值的，因而可以进行价值判断。

2. 技术发明形态

技术原理形态的构思，最后的结果便是发明，包括技术原理、工艺方法、样品的发

〔1〕〔2〕 远德玉. 科技转化为生产力的田字模型与动力机制［J］. 自然辩证法研究，1995（11）：31－35.

明，从技术原理到技术发明，是技术形态的一次飞跃，完成了从观念技术到现实技术，从无形技术到有形技术的转变。从过程论的观点来看，作为显示技术的最初表现形态的技术发明不是单纯的手段，而是合目的的手段，手段承载了人的目的，因此也就承载了人的价值，但体现在技术手段中的人的价值也是潜在的，是没有成为现实的价值，因此技术发明不仅体现了内在的真价值同时也体现了潜在的外在的社会价值[1]。因而我们可以认为，发明形态的技术本身也负载了价值。

3. 生产技术形态

技术的现实存在方式是生产技术和产业技术，因此从技术发明到生产技术是技术形态的又一次转化，从技术发明转化为生产技术的过程，是技术的社会价值实现的过程，即是技术原理与技术发明中所承载的潜在价值转化为现实的过程。技术价值的现实化过程不是靠一项发明而是多项发明和多种生产技术共同完成的，体系化了的产业技术才真正体现了技术的现实价值。其实，生产技术形态反映了技术在实践中的应用，可以说，生产形态的技术本身负载了价值，其应用过程其价值在实践中的体现。

技术形态的转化过程也就是技术价值从潜在到现实的过程。所以，从过程论的观点来看，技术是有价值的，技术在过程中实现了内在价值与外在价值的统一。技术正是在其形态转化过程中由于技术活动的主体发生转移，因而负荷了不同的技术主体的价值。当然技术在孕育、成长、成熟的过程中所负荷的价值是不断变化的。变化的原因就是技术在其成长的过程中，技术活动的主体也发生了变化，因而负荷了不同的主体的价值。技术的价值也是技术对不同主体产生的效应，这种效应体现在技术负荷价值实现的过程中，技术的最终的社会后果只是不同的技术主体的价值整合效应[2]。

当然，除了以上研究内容之外，技术价值观的实践研究领域也发生了很大的变化，如面向对实践过程的观察，是技术哲学乃至哲学在对主客二分展开反思后所发生的重要转向，研究成果也证明了这种观察方法对解释当前的社会问题有更加积极的意义。上述技术价值观研究的内容不仅能更直接地为信息技术价值观提供理论参考和指导，而且进一步说明了作为具体技术的信息技术本身是负载价值的，这样人们才会对信息技术价值形成不同的观点，进而形成自己的信息技术价值观，这就从技术哲学的视角再次证明了信息技术价值观研究的必要性。

---

〔1〕 李艺. 从技术的本质到技术的价值 [EB/OL]. http：//det. njnu. edu. cn/et－philo/u/liyi/archives/2006/56. html，2009－08－16/.

〔2〕 远航. 技术的价值负荷过程 [J]. 自然辩证法研究，2003 (12)：33.

第二章　信息技术价值观研究

第一节　信息技术价值观

现代信息技术的迅速发展，使人类社会在经济、政治、军事、思维方式等方面发生了深刻而巨大的变化。进入二十一世纪以来，以多媒体技术和网络技术为核心的信息技术，更以超出人们想象的速度向前发展，并进入到社会的各个领域和环节。整个社会正处在由工业化社会向信息化社会过渡的关键时期，各行各业正在加快从资本、体力密集型向知识、智力和技术密集型转变。信息技术已成为经济增长的决定性因素，信息化已成为世界经济和社会发展的共同趋势。教育也在信息技术的强烈冲击下，在教育目标、教育结构、教育内容、教育手段乃至教学评价等方面产生了重要改变。信息技术在教育领域的广泛应用，引来了教育教学方式的巨大变化，同时也引发了人们对信息技术价值的思考。本研究主要界定在教育领域对信息技术价值观进行研究。

信息技术价值观属于价值哲学，也应是技术哲学所涉及的一个十分重要的研究内容。然而从有关价值观的研究文献来看，研究者很少涉猎信息技术价值观研究，并没有把其放在应有的地位。随着教育信息化的不断发展，信息技术在教育领域中的广泛应用，深入开展信息技术价值观研究，已成为价值哲学理论研究和社会发展的必然要求。

一、信息技术价值概念界定

分析信息技术价值观的概念，涉及两个更为基本的问题：一是怎样理解哲学上“价值”的概念，二是怎样理解教育中“信息技术”的概念。要想正确理解信息技术价值的涵义，必须解决这两个前提问题，并在此基础上分析信息技术价值的建构，构成信息技术价值的基本要素、各要素在信息技术价值体系中的地位以及它们之间的相互关系等。

（一）关于价值

关于价值的定义，本研究认同用“效应说”界定价值。这种观点是以对价值的存在分析为基础，以对价值实际存在的分析为根据的。主体与客体是相互作用的，主体作用于客体，客体必然反作用于主体，对主体产生一定的影响。客体对主体的作用和影响，即客体对主体的效应，就是价值。价值存在于客体对主体的作用和影响之中。所以，价值是客体对主体的效应。客体对主体的正效应，就是正价值；负效应，就是负价值。由于本书第一章已经对价值做了论述，这里不再详细展开。

（二）关于信息技术

由于研究者的从业背景、表达方式以及个人兴趣等很多方面的差异，大量科学术语定义的表述都是多元的，在社会科学领域尤其如此。对信息技术的表述也不例外，从当前的研究来看，教育技术学领域基本都对信息技术从广义和狭义两个方面进行理解。广义上的信息技术是指能扩展人的信息功能的所有技术，即包括所有能够对信息进行采集、传输、存储、加工、表达的各种技术之和以及人们利用这些承载信息的工具进行信息处理的技巧、方法和能力等，是对用于管理和处理信息所采用的各种技术的总称。比如传感技术、计算机技术和通信技术都可以看做是广义的信息技术；狭义上的信息技术主要指的是以计算机、网络和其他远程通信为主的技术及其应用。

本研究使用的是信息技术的狭义涵义，即主要研究计算机、网络和其他远程通信为主的技术及其在教育中的应用[1]。

（三）关于信息技术价值

在技术价值观一节中，我们了解到技术的价值有内外之分，因此必须综合考虑信息技术的内在价值和外在价值。但在教育领域内，信息技术的内在价值可以凝聚在主体对外在价值的认识之中，是主体自身的价值观念和本质力量内化于信息技术外在价值之中所形成的，所以在本研究中对信息技术价值的界定更侧重于外在价值的研究。教育领域内，信息技术的外在价值主要体现在信息技术在教育领域中应用的不同方面。

1. 信息技术的教学价值

教学价值指信息技术对教学产生的效应。这种效应不仅是单向积极的反应，也存在反面的效应。比如随着多媒体教室的普及，众多教师开始制作多媒体课件，采用多媒体教室上课，但多媒体技术对教师产生的效应，即教师对多媒体技术的看法和做法并不一致，而是多元化的，有的教师认为多媒体技术便捷、形象，促进教学，他会积极的、乐于采用，而有的教师则认为多媒体技术费时又费力，不愿意采用。再比如网络对家长产生的效应，很多家长认同网络会促进学习，因此愿意留给孩子一定的上网时间，甚至会和孩子一起上网搜寻优秀的教育资源；而有很多家长则谈网色变，有的家长为避免孩子网络成瘾，甚至严格监视孩子的课余时间，不允许孩子上网。

2. 信息技术的管理价值

信息技术的管理价值指信息技术在教育管理中应用后所产生的效应。随着信息技术的发展，教学管理也进入了信息化时代，教育管理信息化成为整个教育信息化的重要组成部分。很多学校都搭建了教育管理信息化平台，并把数字化资源的管理作为教育管理信息化的中心工作。

但信息技术在管理方面对于不同的教师所产生的效应也不一样，如实现办公自动化的学校，还有很多教师受传统习惯的影响，不能有意识的接受网络文件，以至于很多学校还是纸质文件与网络文件同步进行。有的教师对于家校之间的网络沟通表现出极大的兴趣，愿意参与，而有的教师则对此漠不关心。有的教师认为知识管理会促进个人教学，乐于建

---

〔1〕 刘美凤，王春蕾等．信息技术教育应用的必要性及其评判标准［J］．北京师范大学学报（社会科学版），2007（5）：29.

立教学博客、参与网络教研等，而有的教师则认为这些都不利于教学，因此置之不理。

3. 信息技术的发展价值

信息技术在教育中的应用，还能够对人的全面发展产生效应。我们将这些效应称为信息技术的发展价值。

信息技术对于主体发展带来的效应是巨大的，比如广大教师可以充分利用信息技术在互联网广阔的信息天地中获取、收集、处理信息，融入教育教学和工作学习之中，不断增强自己的信息技术能力和意识。但反之，也有教师认识不到信息技术对于个人成长的价值。

4. 信息技术的娱乐价值

信息技术在教育中所产生的效应除了上面提到的方面外，还可以作为主体调节身心的娱乐工具，由此带来的效应归纳为信息技术的娱乐价值。

如人们业余时间可以上网看看电影、听听音乐，浏览一下网络相关新闻等，从而放松一下紧张的神经，有利于下一步更好的开展工作。如家长可以和学生一起听听音乐，看看教育电影等。

5. 信息技术的经济价值

信息技术的经济价值指信息技术应用在教育中可以节约人力、财力和物力，从来带来经济上的效应。这主要体现在各类为教学服务的产业上，如教学资源的开发特别是各类教学软件的开发、各种新技术的运用、各种信息技术培训等。

面对信息技术在教育领域内的迅猛发展，各类教育主体对此看法和态度呈现多元化，由此带来的信息技术行为更加多样化，表现出较大的差异性，如何科学认识信息技术的价值，即如何科学看待信息技术对教育的支持作用，成为当前教育领域内亟待解决的问题。

二、信息技术价值观概念界定

根据前面价值观、技术价值观的概念，本研究认为信息技术价值观指的是主体对信息技术或信息活动的最基本看法，包括基本信念和价值取向，它决定着主体的思维活动和外在表现。信息技术价值观，是主体在使用信息技术的过程中，对信息技术的属性、主客体之间的价值关系以及一定形式之间的信息技术价值创造活动中逐渐形成的相对稳定的心理和行为取向。也就是说信息技术价值观有一个形成过程，一旦信息技术价值观确立，便具有相对的稳定性，形成一定的价值取向和行为定势。

可以从两个大的方面来建构信息技术价值观：一是对信息技术本体价值的认识、评判和选择标准；二是对信息技术工具价值的认识、评判和选择标准，包括信息技术如何适应和促进经济、文化、科技诸系统的发展问题。

就教育领域而言，信息技术价值观一方面包括主体对信息技术本体价值的认识、评判和选择标准，即对教育领域中运用的信息技术是否具有价值的根本看法及其带来的行为取向，另一方面还包括主体对信息技术工具价值的认识、评判和选择标准，即对信息技术如何促进教育中诸系统发展问题的基本观念及其带来的行为取向。举例来说，教师的信息技术价值观，一方面包括教师个人对信息技术是否具有价值的看法，以及个人对运用信息技术是否具有价值的看法；另一方面则包括教师对教育领域内运用信息技术的看法，也就是信息技术在促进教育中经济、管理、发展、娱乐、教学等各方面所具有的价值。

三、信息技术价值观的特点

价值观具有相对的稳定性和持久性。在特定的时间、地点、条件下，人们的价值观总是相对稳定和持久的。比如，对某种事物的好坏总有一个看法和评价，在条件不变的情况下这种看法不会改变。但是，随着人们的经济地位的改变，以及人生观和世界观的改变，这种价值观也会随之改变。这就是说价值观也处于发展变化之中。

通过对价值观的定义和特征进行研究，我们认为信息技术价值观作为价值观的特殊形态，是支配人们主动参与信息活动的认识基础和精神支柱，是人们在一定环境中运用信息技术的动机、目的、需要和情感意志的综合体现，具有主观性、稳定性、社会历史性、阶段性、导向性、系统性等特征。

（一）主观性

信息技术价值观属于意识形态领域的概念，带有很强的主体性色彩。组成信息技术价值观的两个基本要素是价值主体和客体，他们分别是：具有不同教育需求的人群（如本研究中的教师、家长和学生）和具有多种功能属性的信息技术（如本研究中的计算机、网络、多媒体等）。信息技术价值观的一个突出特征就是以主体的需求为尺度，信息技术需要是其信息技术价值观形成的基础和起点。因此，信息技术价值观体现着主体的需要和利益，体现着主体发展自己、完善自己的自觉的不自觉的意识和要求。

我们所提及的三类教育主体，由于其认知能力和实践水平以及现实情况的制约，不同个体存在很大差异，因此信息技术对他们产生的效应不同，从而使得信息技术价值观带有了很强的主体色彩。作为价值主体的人，他们有着不同的行为习惯、不同的体验，因此，信息技术价值观具有主观性，主要表现在对信息技术的使用、看法及对信息活动参与的自主性。

（二）稳定性

信息技术价值观是个体在长期接触和使用信息技术的过程中形成的相对稳定的信念。这种信念一旦形成，就具有相对的稳定性，可使个体的行为朝着某一个目标的实现而做出努力。如教师认为运用信息技术可以节约时间、提高教学效果，那么他在自己的教学实践中就会坚持不懈地尝试运用信息技术。

（三）社会历史性

现代价值哲学的研究表明：价值观是客观的，因此信息技术价值观也是客观的。随着信息技术的不断发展，人们对其功能、属性认识的逐渐提高，信息技术新的功能会逐渐被挖掘、认识和接受。因此不同的历史时期，人们对信息技术价值的理解、认识以及所产生的相关行为也会不同，带有社会的历史性色彩。如上世纪中期的教师不可能体会现代多媒体带来的便捷，也不会有多媒体出现故障影响正常上课的尴尬。因此，信息技术价值观具有社会历史性。

（四）阶段性

主体对信息技术价值的重要性的认识是发展变化的、相对的，不同背景的人所持有的信息技术价值观是不同的。随着主体对信息技术认识和信息技术实践能力的发展，作为价值客体的信息技术对主体的影响和效应也会向多元化不断演进。这必然会引起信息技术的质和量的不断提高，反过来又进一步推进主体利用信息技术，建立和拓宽新的信息技术价值关系领域，从而引起人们的信息技术价值创造活动的内容和形式的变化，引起新的信息技术价值关系的变化，产生和形成新的信息技术价值观念。人们使用信息技术的过程实际就是不断打破旧的信息技术价值观念模式，逐渐形成和确立新的信息技术价值观的过程。因此，信息技术价值观的形成具有发展性、阶段性特征。

（五）导向性

价值观的影响效应，指的是价值观不仅影响个人的行为，还影响着群体行为和整个组织行为。在同一客观条件下，对于同一个事物，由于人们的价值观不同，就会产生不同的行为。信息技术价值观是学习和使用信息技术动机中有长期效应的成分，它可以使人们学习和使用信息技术具有更大的自觉性和方向性，对信息技术行为取向起着指导作用。同时，也会影响周围人的态度和取向。

（六）系统性

信息技术价值观不是孤立地、单个地存在着，而是按照一定的逻辑和意义联系在一起，按照一定的结构层次或系统而存在。信息技术价值观念形成的客观条件是多元的、多层次的。主体社会实践活动、生活背景、文化氛围等，都会对信息技术价值观挂念的形成有着重要的影响。主、客观因素相互作用形成了信息技术价值观的复杂结构。因此，信息技术价值观具有系统性，不能孤立地分析。

四、信息技术价值观的形成过程

信息技术价值观的形成受多种因素的影响，是一个不断循环的反馈过程，其信息技术价值观的形成的客观条件是多元的、多层次的，社会实践活动、信息技术认知能力、文化水平、教育背景，以及宣传效应、社会效应等，都会对信息技术价值观的形成产生重要的影响。我们所研究的信息技术价值观是在教育大环境的影响下，通过信息技术学习和信息技术实践，经过服从、同化、内化反复过程而逐渐形成的，它与价值观的形成过程是一致的，只是在每个阶段具有自己不同的特点。

（一）服从阶段

在这一过程中，不同的信息技术价值观所产生的价值行为表现也不尽相同。若主体的信息技术价值观处于服从阶段时，表现的信息技术行为不是自觉自愿的，只是在某种压力或驱动下被迫采取的行为。例如，某些教师只在公开课、示范课中采用信息技术手段，还有教师是在学校的硬性规定下才运用信息技术等，这些教师的信息技术价值观都还属于服从阶段，在这个阶段由于价值需求与信息技术行为之间的矛盾，即使有信息技术行为也容易缺乏长期性和坚持性。

（二）同化阶段

这个阶段的信息技术价值观，出于没有任何压力的情况下，因此，信息技术行为的外在表现，也充满着自觉性，但不太稳定，坚持度不够。实际情况中，大部分主体的信息技术价值观都处于同化阶段，容易受外界的干扰。因此，我们应该积极地加强信息技术价值观教育，使得主体的信息技术价值观与其信息技术行为一致。

（三）内化阶段

信息技术价值观的内化阶段，意味着主体已经将信息技术的认知纳入信息技术价值观体系之中，成为自身价值观体系的一个有机组成部分。这时候主体对信息技术具有浓厚而又持久的兴趣和爱好，运用信息技术由被动转为主动，自觉地应用信息技术来促进自身发展。

教育的发展进程中信息技术的影响是巨大的，这种影响对于运用信息技术的主体来说更是空前的，他们在感受信息技术发展、享受信息技术成果的同时，对信息技术的作用也形成了自己的基本观点和看法。随着信息技术日新月异的发展，信息技术价值观研究将会日益彰显其重要意义。

第二节　信息技术价值观结构的建立

信息技术价值观的结构是信息技术价值观研究的重要方面，对它的理解和建构，不仅有助于明确信息技术价值观的构成，为编制其价值观测量和方法提供依据，而且还有利于深入了解信息技术价值观的形成和作用机制。

一、国内外关于价值观结构的研究

当前，国内外学者对价值观的结构从多个角度进行了研究，总的来说可以概括为下述三种视角：

（一）对价值观进行元结构分析

这种类型的研究侧重从价值观的概念出发，对价值观的结构进行阐述。克拉克洪等认为价值观是一种具有等级顺序的原理，是认知、情感、方向性因素三者的相互作用。杨国枢除强调价值是一种偏好以外，还认为价值在性质上是一套包含认知、情感和意向三类成分的信念。金盛华在指出价值观是对事物进行评价与抉择的同时，也很重视情感的作用，认为从发展上说，价值观的形成依赖于情感。杨德广从价值目标、价值评价和价值取向三个角度对大学生价值观的结构进行了研究和探讨[1]。

（二）从内容角度分析价值观的结构

这种视角是从价值观包含的内容角度阐述价值观的结构问题。Perry 将人们的价值观分为认知的、道德的、经济的、政治的、审美的和宗教的；Allport 等根据斯普兰格对人性的划分，将价值观分为理论的、经济的、审美的、社会的、政治的和宗教的六种类型；Gorden 等的人际价值观调查量表测量支持、服从、认可、独立、仁慈和领导六种价值观。这种角度最大的好处就是具体、明确，但是缺点也很明显，那就是抽象概括程度不够，即使罗列出很多条，有时仍然难以涵盖价值观的所有结构和内容[2]。

（三）通过维度来构建价值观的结构

从这个角度研究价值观结构也是比较多的，例如罗克奇把人类价值观的结构分为两个

〔1〕 魏源．价值观的概念、特点及其结构特征［J］．中国临床康复，2006（18）：162－163．
〔2〕 魏源．价值观的概念、特点及其结构特征［J］．中国临床康复，2006（18）：162－163．

维度，即终极性价值和工具性价值；Brainthwait 和 law 等将价值观分为个人目标、行为方式和社会目标；lorr 等提出了三个维度的价值观结构即个人目标、社会目标、个人和社会所偏好的行为方式。通过维度研究价值观结构与内容角度研究价值观结构具有很大程度的相似性，只是通过维度进行研究，其抽象概括程度更高一点，但是要研究每个维度的具体内容，还是要涉及内容的划分[1]。

二、信息技术价值观结构建立的依据

本研究在构建信息技术价值观结构时借鉴了上述的研究成果，从分析价值观元结构和信息技术价值观内容两个视角来建立信息技术价值观的结构。信息技术价值观属于价值观体系的一部分，因此价值观的构成及合理性评判是其结构建立的重要依据。同时信息技术在教育领域中的应用日益广泛，为我们研究信息技术价值观的内容维度提供了依据，另外，我们还要考虑信息技术在教育中应用的评判标准。因此，在建立信息技术价值结构时考虑了以下三个方面的依据：

（一）价值观的构成及合理性评判

通过前面的分析我们知道，价值观是一个复杂的系统，不仅包括一般价值观和具体价值，还包括价值认识、价值选择、价值创造和价值实现等一系列过程。价值观的合理性判定应该从“合目的性与合规律性的统一”和“价值判断、价值态度、价值行为的逻辑一致性”等方面去讨论。因此，信息技术的价值观的研究可以从价值判断、价值态度、价值行为角度分析。

（二）信息技术在教育领域中的应用

当前信息技术在教育领域中的应用十分广泛，经过文献、访谈等方式的调查发现，信息技术在教育领域中主要应用于教学、管理、教师专业发展，同时也为教师、学生提供了新的娱乐内容和方式，更有利于师生的身心愉悦和休息。

1. 信息技术在教学中的应用

随着信息技术在教学中的深入应用，已涉及到教学各个要素，对教学产生了深远的影响。信息技术在教学中的应用主要有以下几种方式：

①信息技术作为演示工具；

②信息技术作为合作、交流工具；

③信息技术提供丰富的学习资源；

④信息技术作为情境探究和发现学习的工具；

⑤信息技术作为信息加工与知识构建的工具；

⑥信息技术作为评价工具；

⑦信息技术创设创建良好的教学环境。

这些不同的应用方式，在促进学生、教师和家长联系的同时促进了信息技术在教学中的应用，对于教学内容、教学方法、教学评价、师生关系等产生了重大的影响，这是本研究所关注的重要内容之一，也是信息技术价值观量表的题目所涉及内容的主要来源。

---

〔1〕 魏源. 价值观的概念、特点及其结构特征 [J]. 中国临床康复，2006 (18)：162－163.

2. 信息技术在教育管理中的应用

信息技术在教育中的应用，使教育媒体和教育技术发生了根本性的转变。教育媒体、教育技术改变了，教育管理也必须与之相适应。于是，信息技术便渗透到教育管理过程中，包括对教育资源、教育信息以及教育过程的管理，逐步形成智能化、科学化、现代化的教管理系统和完善的体系。当前，信息技术在教育管理方面的应用主要分为两个层次：宏观层次的学校教育信息化管理和微观层次的师生个人知识管理。

(1) 信息技术在学校信息管理中的应用

信息技术在教育管理中的应用具体体现在教育城域网、电子政务系统、教育教学评价评估系统、数字化资源库、学校综合管理系统等教育信息管理平台的建设和应用上，用于办公自动化、教务、学生、财务、人事、数字化资源、图书、科研等方面的信息化管理，促进教育管理的科学化与管理效率的提高等。

(2) 信息技术在个人知识管理中的应用

现在，人类已经进入信息时代，现代信息技术特别是互联网为学习者的学习提供了令人难以置信的丰富的教育信息来源，如何准确、有效、迅速地对大量的教育信息进行科学、有效和富有个性化特点地加工、处理、组织、创造，并挖掘隐藏在信息背后的知识已经成为一个不容忽视的问题。越来越多的教师和学生、家长通过计算机的文件夹、相关软件或网络上的个人博客、博客群等信息技术平台进行分门别类的管理，以便于知识获取、传播、共享与创新，促进自身的知识系统的完善。

信息技术在教育管理中的广泛应用启示我们在研究信息技术价值时，应考虑信息技术对教育管理的效应，即信息技术的管理价值。

3. 信息技术在个人发展中的应用

教育信息化的深入发展对个人的专业素质提出了更高的要求，如教师的专业发展问题越来越受到重视，利用网络开展网络教研活动已成为教师专业发展的一种重要途径，不同地区的教师充分利用已有信息技术条件开展多种形式的网络教研，如“有的通过教师博客撰写教学日志，不断反思教学并与他人交流”、“有的教师通过主题论坛的主题讨论，促进深度思考与反思”、“从学科到全国的教师 qq 群，实现教师之间的及时、多向交流”、“有的地区利用远程会议视频会议系统，开展区域性的公开课、示范课、观摩课活动，进行校际间教师交流”等，促进了教师专业能力发展。

由此可以看出，信息技术对教师的专业发展有着重要的影响，信息技术价值应包括信息技术对教师专业发展的效应。

除此之外，数字化游戏、网络影视、数字音乐等为师生提供了丰富的娱乐内容和新的娱乐方式，很多教师和学生经常利用信息技术来玩游戏、欣赏影视、听听音乐，缓解工作、学习压力，为教师的教和学生的学提供良好的精神状态。由此可以看出，信息技术具有一定的娱乐价值。因此，信息技术价值观的研究也应该包括娱乐价值。

(三) 信息技术在教育中应用的评判标准

信息技术教育应用的核心在于应用及其效果，教育信息化的一切决策、建设或活动的开展都应当以是否促进“有效应用”或能否“促进学生的发展”为标准来制定、进行或开展。同时，更多的教师和管理者也要考虑投入与产出的问题，如节约时间、人力、物力等经济效益问题。

1. 促进学生的全面发展——信息技术应用于教育的最终评价标准

技术的评判标准是要判断技术的应用是否有效，是否解决了问题，或是否达到了目的。那么信息技术在教育中应用的有效性，就是看信息技术是否有效地达到帮助人解决了教育、教学中的问题，实现了教育目的，而教育的最终目的就是促进学生的全面发展。信息技术教育应用是否有效地促进了教师的教和学生的学，是否提高了学生的信息素养，并是否最终促进了学生的全面发展是信息技术教育应用的评判标准。因此，研究信息技术价值应考虑信息技术对学生发展的效应，即信息技术的发展价值。

2. 经济效益—信息技术应用于教育的一个重要评价标准

信息技术应用于教育的一个重要的标准是否能够产生一定的经济价值，如节约时间、提高效率、节约物力、财力甚至能够获得物质的回报，如很多学校提供的网络资源和教师指导为学校、教师赢得了一定的经济利益。信息技术应用于教育领域是否能够真正节约教师的备课时间、学生的学习时间，是否能够真正提高教学、学习、管理效率，是否能够让教师和学生获取丰富资源节省资金，甚至获得一定的物质财富，是很多教师是否采用信息技术教学考虑的重要方面，同时也是家长支持孩子利用信息技术学习的一个重要原因。因此，研究信息技术价值应考虑信息技术的经济价值。

三、信息技术价值观结构

上述三方面的依据，为我们确定信息技术价值观结构研究的总体思路提供了理论和实践的支撑，根据上述依据，本研究认为：信息技术价值观的结构首先应该包括信息技术价值观所涉及的价值内容。从信息技术在教育中的应用来看，信息技术的价值内容涉及信息技术的教学价值、管理价值、对促进教师和学生发展的价值、经济价值和娱乐价值，我们把促进师生发展作为信息技术的发展价值，这样在价值内容上就确定了信息技术的经济价值、娱乐价值、管理价值、教学价值和发展价值五个内容。但是，对每一个价值内容项，不同主体的认识层次是有差异的，如何对不同层次的价值观进行深入的细致研究，就涉及到信息技术的元结构问题。依据价值观的构成和合理评判，信息技术价值观在元结构维度上又可以划分为价值判断、价值态度和价值行为三个不同的层次。这样就形成了研究信息技术价值观的两个维度，价值内容维度和元结构维度，信息技术价值观结构就可以从分析信息技术的价值内容和元结构两个角度来入手进行建构，由此分别形成了信息技术价值观的横向和纵向维度，进而形成了如表 2.1 所示的信息技术价值观结构。

表 2.1　信息技术价值观结构

元结构维度 / 内容维度	价值判断	价值态度	价值行为
经济价值			
管理价值			
娱乐价值			
教学价值			
发展价值			

第三节　信息技术价值观结构分析

信息技术价值观结构的确定，为后续的研究提供了明确的思路，从这个结构出发，本研究构建了完善的信息技术价值观体系。

一、元结构

信息技术价值观的元结构与价值观的元结构是一致的，只是在名称上，我们做了相应的界定，分别是主体对信息技术的价值判断、价值态度和价值行为。

（一）价值判断

这是信息技术价值活动的第一个阶段，也就是价值观元结构中的价值认识，在很多的价值哲学理论中，也将这一过程称为价值评价。

本研究中用价值判断来表示价值认识，指的是主体对信息技术价值的认识，如“信息技术能够提高教学效率”就是一种价值判断。

（二）价值态度

这是信息技术价值活动的第二个阶段，也就是价值观元结构中的价值选择。本研究中用价值态度来表示价值选择，指的是按照某种价值取向在价值判断的基础上对信息技术活动所进行的选择过程。如“我愿意运用信息技术来提高教学效率”就是一种价值态度。

（三）价值行为

这是信息技术价值活动的第三个阶段，也就是价值观元结构中的价值创造。本研究中用价值行为来表示价值创造，价值行为是对价值判断和价值认识的进一步深入。如果对信息技术与主体的价值关系持肯定的评价态度，那就会表现为崇尚、向往或追求的行为取向；相反的，如果对信息技术与主体的价值关系持否定的评价态度，那则会表现为贬抑或舍弃的行为取向。如“我经常在教学中运用信息技术”就是一种价值行为。

二、内容结构

信息技术价值观的内容结构主要从信息技术在教育领域内的应用价值以及信息技术的评判标准出发，分别界定为经济价值、管理价值、娱乐价值、发展价值和教学价值五个方面，其中发展价值又详细分为审美价值、情感价值、人际价值、创新价值、道德价值、职业价值等不同的子方面。

（一）经济价值

1. 经济的含义

现在人们在日常生活中使用经济主要有以下两个意思：

一是从生产力与生产关系的意义上运用“经济”概念，经济或称经济状况，指的是整个社会的物质资料的生产和再生产；“经济活动”即社会物质的生产、分配、交换和消费活动的统称。

二是广义经济学者提出的概念，“经济”就是如何以最小的代价，取得最大的效果。

换句话说，经济就是生产或生活上的节约、节俭。前者包括节约资金、物质资料、劳动和时间等，即用尽可能少的劳动消耗生产出尽可能多的社会所需要的成果。后者指个人或家庭在生活消费上精打细算，用消耗较少的消费品来满足最大的需要。总之，经济就是用较少的人力、物力、财力、时间、空间获取较大的成果或收益。

2. 信息技术的经济价值

信息技术在教育中的经济价值指的是信息技术应用在教育所产生的经济效应。这里的经济效应中使用的经济主要包含两个意思：

一是利用信息技术可以获得物质财富。去除信息技术产业本身创造的社会财富，在教育中利用信息技术获得物质财富有两种途径：一是教师制作的课件，学生的信息技术作品都可以转换为物质财富；二是当前无论是教师在课件制作比赛、优质课评比等活动中获奖，还是学生在各类信息技术比赛中获奖，都能获得一定的物质奖励。

二是利用信息技术可以节约资金、人力、时间和资源等。例如，学生使用计算机网络可以共享、获得很多优秀的学习材料和教师指导，即节约资金，又减少了资源的重复开发。教师和学生在教和学的过程中使用信息技术都可以提高效率，这是对时间的节约。

（二）管理价值

1. 管理与价值

从词义上，管理通常被解释为主持或负责某项工作。人们在日常生活中也是在这个意义上去应用管理这个词的，例如管理企业、管理仓库等等。如果严格地定义，管理就是科学、合理、优化配置要素资源，达到低投入、高产出目的的行为。管理作为一种行为，是计划、组织、指挥、协调和控制这些活动的总称，管理活动本质的特征就是追求效益。

管理本身是可以创造价值的。马克思主义认为劳动是形成价值的源泉，劳动分为体力劳动和脑力劳动两种形式，管理是一种脑力劳动，因此管理活动也创造价值。管理的本质特征是追求效益，因此管理所创造的价值通过所创造的收益和所花费的成本之间的差额来体现。

2. 信息技术的管理价值

信息技术的管理价值，就是指信息技术用于教育的管理活动中所产生的效应。由于管理本身创造的价值来源于它所产生的效益，因此信息技术在教育管理领域中应用的价值就在于进一步提高它所产生的效益。

任何一种管理活动都由四个基本要素构成，即管理主体、管理客体、管理目的和管理环境与条件。根据管理主客体的不同，在教育中利用信息技术的管理活动主要包括两个层面：

宏观层面，教育管理者使用信息技术管理整个教育教学活动，称为教育管理信息化，这是教育现代化的重要内容。包括图书馆的信息化建设，学籍和教务管理系统的使用等等。

微观层面，教师或者学习者利用信息技术来管理自己的知识，称为知识管理。知识管理包括资料收集、知识的分享与共用等等。

（三）娱乐价值

汉语中的娱乐一词有两种用法：一是作为名词，指快乐有趣的活动；二是作为动词，意思是使人欢乐。另一方面，娱乐活动的作用是使人放松和产生快乐。

信息技术的娱乐价值是指利用信息技术可以进行娱乐活动，并起到调节身心、放松休闲的作用。从娱乐活动的种类来说，利用信息技术可以欣赏影视节目、听音乐等等。对于教育中的主体，无论是教师还是学生，都可以利用信息技术作为休闲娱乐的工具，起到缓解疲劳、减轻压力和修身养性的效果。

（四）发展价值

信息技术的发展价值是信息技术对主体的发展所起到的效应。信息技术的发展价值具体包括：

1. 审美价值

审美价值是指信息技术对人的审美能力发展所产生的效应。一方面，由于信息技术在教育中的广泛应用，教师开始大量使用教学课件。优秀课件中合理的结构布局、漂亮的界面色彩，能够激发学生美的感受，培养学生的审美素养等等。另一方面，学生也可以通过网络获取大量优秀的艺术作品进行欣赏，有利于学生审美能力的提高。当然，网络上大量的低俗内容，也可能对学生的审美能力产生负面影响。

2. 人际价值

人际价值是指信息技术对人的人际交往和人际关系所产生的效应。主要包括两个方面；

一是人与人之间的交流以及人际关系的发展。信息技术在很大程度上改变和影响着人与人之间交流。例如，学生通过电子邮件或者网络聊天，可能更大胆地表达自己的想法，促进师生之间良好社会关系的形成等。另外通过网络还可以扩大交往范围，接触和认识更多的人。

二是人的社会化发展。学生通过网络了解社会现象，参与讨论，参加各种网络社会活动，有利于学生了解社会，更快地融入社会。

3. 情感价值

信息技术的情感价值是指信息技术对人的情感发展所产生的效应。情感价值可以从情感发展和情感教育两个方面考察。在情感教育方面，例如爱国主义的情感教育，利用信息技术展示声像并茂的爱国主义人物的事迹，可以更好的培养学生的爱国主义情操。

在学生的个人情感发展方面，学生在信息技术营造的虚拟环境更容易表达自己的真实感情，不管是愤怒、抱怨还是感谢，都有利于情感的发展。另外，学生对信息技术的良好掌握，可能会让周围的同学羡慕，使学生获得良好的精神激励和自信心，这也是情感价值的重要方面。

4. 创新价值

创新价值是指信息技术对人的创新能力发展所产生的效应。一方面，信息技术本身就是一项崭新的技术，对日新月异的信息技术的学习和掌握本身就有利于培养学生的创新性思维。另一方面，利用信息技术辅助进行的一些小制作和小发明，则更有利于学生创造能力的提高。

5. 道德价值

道德价值是指信息技术对人的道德发展所产生的效应。在教育中，可以从教师的道德教育和学生的道德发展两个方面考虑。对于家长和教师来说，信息技术手段可以再现真实，可以使以往口头式的说教代之以大量生动、形象、感人的事例。电影、电视、计算机的屏幕，犹如“现实之窗”，生动、直观地展示在学生面前，使学生易于接受，有利于帮助学生认识生活，了解世界，明辨是非善恶。屏幕上的英雄、模范的光辉形象，可为学生提供学习的楷模，有利于良好的道德行为的形成。另一方面，网络也充斥着大量不健康的内容：黄色网站屡禁不绝，网络诈骗时有曝光，虚假新闻频频发生。这些都会对学生的道德发展产生负面影响。

6. 职业价值

职业价值是指信息技术对人的职业发展所产生的效应，主要是指对人的职业劳动能力发展所产生的效应。例如信息技术在各行各业的广泛应用，使其成为很多职业的必备技能，对信息技术的熟练掌握，有利于提高工作效率和工作业绩，对个人的职业发展产生积极影响。反之则会产生负面影响。

在教育中，对教师而言，教学是它的职业，在教学中使用信息技术，提高教学能力，就是信息技术的职业价值。对学生而言，无论将来从事什么职业，学习和掌握信息技术都有助于它的发展。

（五）教学价值

教学价值指信息技术对教学产生的效应。信息技术在教学中的广泛应用对教学产生了深远的影响，这些影响涉及到教学的各个方面。根据上述对教学要素的分析，结合信息技术对这些因素的影响，信息技术的教学价值主要包括[1]：

1. 提供更多的资源和内容

信息化环境中，资源的获取途径更加丰富，很好地解决了教育资源的存储、共享与有效利用问题，为教学提供了更多的资源和内容。

2. 激发学习兴趣和动机

信息技术的支持使教学信息的呈现更加丰富多彩，产生图文并茂、丰富多彩的动人景象，能有效激发学生的学习兴趣，使学生产生强烈的学习欲望。

3. 改变传统的学习方式和方法

信息技术对学习方式和方法的改变表现为宏观、中观和微观三个方面。宏观方面，网校和网络教育学院的出现，在整个教育层面上改变着教育方式；中观方面，利用信息技术完成的基于问题的学习、合作式学习以及研究性学习，则从教学模式上影响着学生；微观方面，信息技术环境下学生可以通过网络查看学习资料、交作业、完成练习题，这都是对传统学习方法方式的革新。当然，由于信息时代的到来，对于教师和家长都有一个继续学习和再学习的问题，他们都可以通过网络寻找、创新和使用先进的学习方法。

4. 提高学习效果

多媒体对学习者的外部刺激是多种感官的综合刺激，使学生的多种感官共同参与学习活动。心理学实验已经证明：这有利于知识的获取和保持，提高教学效果。

需要注意的是，教学效率的提高主要指节约时间，而节省时间是经济效应的一个重要内容，在本研究将其作为经济价值考虑，不再作为教学价值的内容。

---

〔1〕张景生，谢星海. 浅论教育技术价值观 [J]. 电化教育研究，2004 (11)：27.

5. 创建良好的教学环境

教学环境一般是指教学活动开展的物质场所，包括宏观的校舍、图书馆，微观的教室、各种教学设备仪器等等。广义的教学环境还包括非物质环境，例如学校和班级的学习氛围，同学之间的人际关系等等。由信息技术所构建的教学环境一般指由信息技术设备所构成的硬件环境（如信息化校园网环境、信息化多媒体教学环境）和由信息技术所构建的虚拟教学环境（如虚拟实验、虚拟情境的创设等）。

6. 促进认知和认知能力的提高

认知价值是指信息技术对人的认知过程和认知能力发展所产生的效应。当学生利用信息技术进行信息的搜索和筛选，利用信息技术手段来画图辅助理解和记忆时，信息技术对学生获取知识和内化知识的认知过程产生影响。另一方面信息技术的使用改变学生的记忆和思维方式的时候，就对学生的认知能力产生了影响。

第四节　科学的信息技术价值观

一、树立科学的信息技术价值观的意义

教育信息化已成为一种大势所趋，主体对信息技术的应用和依赖正与日俱增。由于主体的背景、经历和观点、看法多种多样，因此对信息技术价值的认识也多种多样，由此带来了信息技术价值观的不同，从而导致了多样化的信息技术行为取向。

科学的信息技术价值观，是指运用科学的立场和辩证的方法认识信息技术，形成符合社会科学、技术科学和价值科学的合理判断，并据此处理与信息技术相关的社会实践。信息技术价值观的科学与否，直接影响着主体对信息技术价值的科学认识、科学选择和科学评价以及合理运用。因此，建立科学的信息技术价值观，对于提高主体对信息技术价值的科学认识，进一步促进信息化教育教学改革，使信息技术在教育中形成最大和最优的价值创造和价值实现体系，有着极为重要的意义。

二、科学的信息技术价值观特征

已有的价值观合理性判断和教育领域内科学的教育价值观的建构，为科学的信息技术价值观提供了理论和实践依据。从这两个方面出发，在教育领域内科学的信息技术价值观应该包括以下特征：

（一）合规律性与合目的性的统一

科学的信息技术价值观与对信息技术的科学认识和科学把握是紧密相连的。没有科学的方法，对于信息技术的认识只能停留在表面，也只能体现主体的内在需要和内在动因，从而易于造成主观主义、唯心主义的信息技术价值论思想。

但在对信息技术价值的认识和反映中也不能忽略主体的目的性，忽略主体的时代特征和环境因素，必然导致信息技术价值选择的客观结果与主体的利益和需要相分离。

这是因为，信息技术应用在教育中有一定的客观规律，这是不以人们意志为转移的。

但它与自然规律有所不同，这种规律是主体参与和调节的规律。人们正是在这种参与和调节的结构约束中获得自己发展的自由空间。当然，严格来说，这种主体的愿望和理想应是科学合理的。

从现实表现来看，信息技术价值认识与选择中存在这样两种倾向：一种倾向是完全忽略信息技术规律性的客观存在性和整体性，完全按照自己的主观需要和利益需要，去任意评判或选择信息技术的某个部分、某个环节、某个因素，加以扩大化，或者无视信息技术所具有的规律，任意地批评或者美化信息技术在教育中的作用，这些都是信息技术价值观上的主观主义的体现。另一种倾向是，主体机械地把信息技术作为优化教育的唯一准则，完全忽略人们对信息技术的利用、支配中的能动作用和价值选择中的主体尺度，忽视信息技术所具有的历史制约性和现实规定性，一味追求信息技术优化教育的美好境界。事实上这种理想的境界要受到时代条件的限制，这种限制本身则取决于这一历史阶段的政治、经济、文化等特点。

因此，科学的信息技术价值观应该做到目的性与规律性的统一，即主体正确认识信息技术的价值，并能科学合理地运用信息技术产生积极的效应。

（二）逻辑一致性

信息技术价值观的结构包括价值认知与评价、价值的选择与追求、价值的创造与实现等，也就是本研究中定位的价值判断、价值选择和价值行为，这其中既有观念性的价值活动，也有实践性的价值活动，还有观念性与实践性相融合的价值活动。

信息技术价值观在其形成过程中经历了朦胧的、不稳定的价值心理、价值认知、价值观念等过程。信息技术价值的内在结构和逻辑性以及与外部价值世界的关系与联系，在丰富多样的教育现实性中只有得到检验并得到统一，才是科学的。

因此主体的信息技术价值观应该保持元结构的一致性，即价值判断、价值态度和价值行为的一致。如果价值判断、价值态度或者价值行为出现前后矛盾，没有达到价值观元结构的一致，也就无法断定这样的价值观是科学合理的。另外，主体的一般价值论与具体价值观念要一致，即具体价值观念中反映出来的对信息技术价值和信息技术价值观念的认识要与一般价值观念一致。

（三）教育代价最小与教育效益最大的统一

科学的信息技术价值观有机融合了信息技术价值与科学的精神，不仅仅重视信息技术价值意义，更应该看到在信息技术创造价值的同时所付出的代价。

对于获得信息技术的教学价值来说，它的代价主要有以下两个方面。一方面是运用信息技术获得教学价值的活动本身所必须支付的直接成本和间接成本，如投入的信息化设备、学习信息技术或完成信息化产品耗费的时间等，其中有物质形态的和时间形态的。另一方面是追求信息技术某方面的价值而使另外方面的价值实现相对降低。如较多地运用多媒体和网络技术会降低教师的板书水平，较多地运用电脑会降低教师的书写水平等；甚至有可能产生负面影响从而付出相应的价值代价，如教师较多的运用多媒体教学使得学生可以方便的拷贝课件，从而懒于做笔记，降低了语言表达和速记能力；学生较多地使用电脑和网络学习，耗费了大量的时间，有的产生网络依赖，造成学习成绩下降等。

事实上，信息技术和其他科学技术一样，也具有两面性，是一把双刃剑。它既能给我们带来经济价值、管理价值、娱乐价值、发展价值和教学价值等，相应的在每个方面也都能带来负面影响。这些负面影响，相信大家都有所体会，如面对网络庞大的信息库带来的信息迷航、学生游戏导致学习成绩下降等等。因此我们决不能因为信息技术带来的正面效应而无视其负面影响，也不能因为它具有负面的作用而弃之不用。事实上当我们在追求某种价值的同时总是以一定的价值代价和价值牺牲为前提的，问题在于我们所追求的价值目标与价值付出是否相称，价值的天平是否过分倾斜，是否会造成价值选择上的严重失衡等。科学的信息技术价值观首先应当科学地对待信息技术，应当认识信息技术价值中的投入价值、增值价值和价值代价、价值风险之间的关系，努力用最小的代价去寻求与实现信息技术的最大价值〔1〕。

因此，主体要科学看待信息技术，认识信息技术的价值，合理运用信息技术，促进其积极方面的效应，同时尽量减少、降低信息技术的负面效应，努力创造更大的价值，达到教育代价最小与教育效益最大的统一。

总之，科学的信息技术价值观是正确认识信息技术价值、选择信息技术、创造更大价值的科学方法论与认识论，它把信息技术价值的主观范畴建筑在客观的科学规律之上，是价值范畴中主客体因素、内外因素的高度融合与统一。在这种信息技术价值观下展开和形成的信息技术实践，对社会主体是最具价值性的。

〔1〕 顾建军．试论科学的教育价值观［J］．南京师大学报（社会科学版），1999（2）：66.

第三章　信息技术价值观量表的研制与调查过程

第一节　信息技术价值观量表研制的原则

量表在数据收集过程中起着重要的作用。如果量表设计得不好，那么所有精心制作的抽样计划、训练有素的访谈人员、合理的数据分析技术和良好的编码都毫无用处[1]。作为信息技术价值观调查的重要工具之一，量表的科学性是保证研究顺利进展的基本条件。所以，科学合理的设计信息技术价值观量表是本研究的重要内容之一。信息技术价值观量表在研制的过程中一方面考虑到哲学领域中价值观研究的基本原则，另一方面也考虑到信息技术价值观与其他价值观的差异，概括起来，包括以下原则。

一、与研究目的一致性原则

量表中里所涉及的所有问题必须和研究目的一致，才不会让作答者有离题的感觉[2]。本研究的目的是研究教育领域的不同主体对信息技术价值的认识。但是，不同主体在工作和生活实践上存在较大的差异。为了确保信息技术价值观调查量表中的每一个问题都紧紧围绕研究目的展开，同时保证都与研究内容密切相关，课题组在设计之前首先明确了信息技术价值观结构，并根据价值观结构确定需要调查的主题范围，并进一步确定与调查主题相关的要素和内容。编制过程中，家长、教师和学生信息技术价值观调查的 3 个子量表，在纵向和横向维度上都紧密结合信息技术价值观结构展开。比如：调查信息技术在教育领域的经济价值时并没有一个现成的选择要素的法则，但从问题出发，结合信息技术在教育领域的应用经验，可以寻找出相关要素。一是时间，如学生使用信息技术可以节约搜索学习资源的时间；二是费用，如可以下载免费的资源；或者举行信息技术比赛，获得物质奖励等。这样不仅能保证量表与研究目的一致，而且还有助于提高量表的科学性。

二、问题类型的适合性原则

当前心理学领域很多成熟的量表，都采用情景描述法，也就是通过调查被研究者在某种情境下出现的态度和行为来研究其心理状态。信息技术价值观量表编制的目的是要调查

---

〔1〕 郭强．调查实战指南，问卷设计手册［M］．北京：中国时代经济出版社，2004：2.

〔2〕 王俊明．调查问卷与量表的编制及分析方法［EB/OL］．http：//www．360doc．com/showWeb/0/0/391832．aspx.

并研究主体对信息技术价值的认识和看法，因而情景描述式的方法比较适合。为此，量表的编制中尽可能把相关的问题都描述成一个事实、一种观点或行为，让调查对象根据这些描述对自己的适合程度进行选择，通过主体对这些事实、观点和行为的选择来得出他们对信息技术价值的认识。

三、调查对象的可接受性原则

由于调查者对是否参加调查有着绝对的自由，调查对他们来说是一种额外负担，他们可以采取合作的态度——接受调查，也可以采取对抗行为——拒绝回答[1]。因此，请求合作是量表设计中一个十分重要的问题。为了使教师、家长和学生接受调查，在信息技术价值观调查问卷的说明词中，明确说明研究目的，让他们知道信息技术价值观调查的意义和自身回答对整个调查结果的重要性，并保证为被调查者保密，以消除他们的心理障碍，使其能够认真填好量表。此外，在问题描述上，尽量通俗易懂，尽量不用专业术语，不使用模棱两可和抽象化的词句，以便于被调查者理解和接受。同时多从被调查者着想，尽量为他们填写问卷提供方便，减少困难和麻烦，从而提高回收率和保证调查质量。

四、统计分析的便利性原则

任何量表的设计都必须通过后期的统计分析才能获取对研究问题的深入认识，因此只有在量表设计最初就考虑到后期的统计分析，才有可能为后期的统计分析工作提供更多的便利。本量表属于主体信息技术价值观的调查，因此，在设计之初课题组成员首先一起研究学习了统计分析方法和 spss 软件，进而确定对不同的价值观调查分别通过价值态度、价值判断和行为选择三个层次进行，并赋值进行调查，从而确保后期统计分析的便利性。

五、内容描述的客观性原则

信息技术价值观反映的是主体的一种认识，而人的认识既受外界条件的制约，又具有一定的主观性，因此在量表编制过程中，保证内容描述的客观性非常重要。为此，整个量表中的问题描述尽可能客观地说明实践中存在的一些明确观点、一些具体的行为或者某种实际存在的意愿，进而让调查者根据自己的适合程度进行选择，所有描述尽可能采用客观、中性的字眼，不用假设或猜测的语句，确保量表的客观性。

六、高信度和高效度原则

量表作为研究人们的行为、态度和特征的一种测量工具，必须保证测量的高信度和高效度。所谓信度即是指可靠的程度，而效度则是指有效的程度。有信度的量表通常具有一致性、稳定性、可靠性及可预测性等。一份稳定可靠的量表，几次所得的结果一定是相当一致的，而且可透过此量表对受试者做预测用。在信息技术价值观量表的编制过程中，为了使量表在整体具有较高的信度和效度，课题组通过集体研讨、专家访谈等多种途径，努力提高量表中每一个问题的信度和效度，通过对信息技术价值观结构的不断完善和与调查

〔1〕郭强．调查实战指南，问卷设计手册［M］．北京：中国时代经济出版社，2004：10.

对象的多次深入交流，努力使量表中的每个问题都准确反映研究需要测量的变量，并保证这种测量不受时间、地点和调查对象变化的影响。

七、问题安排的条理性原则

由于信息技术价值观调查量表设计到被调查者的价值判断、价值态度和行为选择，可以说该量表是一份相当综合的量表，必须保证问题安排的条理性，才能让被调查者感到问题集中，提问有法，否则容易给人有随意性的感觉，影响到信息的搜集。为此，本量表在安排过程中采用“分块法”，即把价值判断、价值态度和行为选择分别作为不同的模块，以保证每个分块中的问题密切相关，从而保证了问题安排的合理性。

第二节　信息技术价值观量表的研制过程

量表在设计过程中紧密结合前面对信息技术价值观的理论描述，从以下几个阶段进行。

一、拟定编制计划

任何研究者在编制量表之前，首先必须拟定一份量表编制计划。一般情况下，计划阶段包括决定应搜集哪些相关的数据、编制的进度、样本的选取、经费预算、编制完成所需的时间等。在信息技术价值观量表编制的过程中，课题组从信息技术价值观结构出发，结合整个课题的实际需要，在量表编制的计划阶段完成了一系列的前期准备工作：

①确定 2008 年 7 月完成量表设计工作，以便暑假期间发放。

②在课题组中选出后期会议的组织者和记录者，以方便后期的讨论，并整理记录每一次讨论结果。

③继续发挥信息技术价值观 QQ 群的作用，要求课题组每一个成员随时把自己遇到的问题和工作进展通过 QQ 群与其他成员进行交流，充分利用网络平台，实现信息共享的最大化。

④确定信息技术价值观的调查对象：家长、学生、教师。

⑤继续从价值观与教育价值观研究、技术哲学研究、信息技术应用研究、调查表的设计等范围内进行深入的文献研究，尽量扩展思路。

⑥在设计的过程中，反思信息技术的价值观结构的科学性与合理性，并提出修改建议。

⑦初步拟定了需要访谈的专家名单。

二、搜集整理资料

按照量表编制计划，课题组首先在深入研讨和专家访谈的基础上确定了量表的性质，即信息技术价值观研究的对象是主体的价值观，属于人的认识范畴，它与一般的价值观研究既有相同的方面又有其特殊性。因此课题组决定搜集资料的方向主要集中在哲学价值观、技术哲学、量表和问卷的设计、教育价值观和教育价值研究等几个方面，并把所有研究人员分为三个小组，分别广泛搜集、深入研究并整理不同的文献资料，进而在文献研究的基础上，从不同的角度思考量表的设计，具体分工见表 3.1。

表 3.1　小组资料搜索和阅读分工明细表

组别	阅读内容范围	具体要求
第一组	哲学价值观，尤其是技术哲学	从哲学层面理清价值观研究一般从哪些方面进行，包括价值观的分类、价值观的界定等
第二组	调查表的设计	主要从社会科学领域一般的价值观量表设计出发，梳理出信息技术价值观量表设计的方法，尤其注意一些成功的心理学量表
第三组	教育价值和教育价值观的研究	如何根据教育价值和教育价值观的研究，界定出信息技术价值观研究的范围

在这一阶段，课题组除了利用QQ群进行多次在线讨论之外，还召开了多次专门的会议，由各个小组汇报阅读内容，从而使每个小组都了解相关资料，比如通过第一组的介绍，第二组和第三组也逐渐熟悉价值观的分类和价值观的界定。这次会议是价值观量表设计的“基石”，没有这些前期的研究，信息技术价值观研究根本无法入手。通过这些会议以及后来的网上交流和学习，整个课题组对价值观的基础研究、技术哲学的研究和量表的设计等都获得了逐渐深入的认识。

三、拟定量表架构

一般而言，量表的架构阶段需要考虑量表编制的依据、量表的表尺和题项数量。通常编制者可以参考某一个学者的看法，或是综合多个学者的理论拟出所要编制量表的架构。具体到信息技术价值观量表的设计，主要依据第二章构建的信息技术价值观结构，并把它作为信息技术价值观调查的维度。这一阶段，从量表编制的角度来讲，主要是根据信息技术价值观横向的元结构维度和纵向的内容维度，确定量表编制的具体形式、分量表和表尺。

（一）确定信息技术价值观量表呈现问题的方式

课题组成员根据各自的研究经历提出了不同的方法，最初也考虑到采用常见的问卷调查方法，提出问题，列出选项，让被调查者去选。由于信息技术价值观调查需要测量的是人的态度、看法、观点，这些内容主观性较强而且较为抽象，他们一方面具有潜在性的特征，另一方面其构成也往往比较复杂，如果采用问题和选项式的呈现方式存在很多问题，如题目多、设计选项难、后期统计复杂等。

而社会科学领域中对这种态度、观念等主观性和抽象性较高的问题的调查一般是以量表形式出现的复合测量。这种复合测量可以将多项指标概括为一个数值，因而可以有效地缩减资料数量，并有效地区分出人们在这些概念或态度上的程度差别。而且社会调查中有很多特别成熟的量表，如李克特量表、鲍格达斯量表、语义分化量表等。这个问题的讨论是整个课题召开会议最多，时间也最长的讨论。最后根据文献研究和访谈专家的建议，课题组确定以李克特量表为依据编制信息技术价值观量表。

（二）确定分量表数量和量表的量尺

一个量表究竟需要多少个分量表，主要是视所根据的理论而定。本研究的调查对象包括教师、学生和家长三类群体，因此对每个群体都需要设计一个量表，这样总共是三大类量表。根据信息技术价值观结构，在元结构维度上每一类主体的信息技术价值观都从价值判断、态度和行为三个方面进行调查，因此每一类量表又包括三个分量表。根据讨论结果最后形成了如表 3.2 所示的三大类量表，共包括 9 个分量表。

通常量表的量尺以五点或四点的形式为多，五点量尺一般为「非常同意、同意、没意见、不同意、非常不同意」，四点量尺则去掉「没意见」。五点量尺和四点量尺各有优劣，有的学者认为比较不认真作答的人会有选「没意见」的倾向，结果很容易造成所得的数据没有太大意义，因此认为以四点量尺能更好地调查出作答者的态度。而有的学者则认为四点量尺有强迫作答者表态的意思，事实上有些作答者对量表中的一些问题确实不了解，因而主张保留「没意见」这一选项[1]，如学者 Berdie（1994）根据研究经验指出，五点量尺是最可靠的[2]。考虑到信息技术价值观量表的特殊性，在借鉴已有成果的基础上，课题组把量表的表尺都设定为五点量尺，如表 3.2 所示，价值判断设定为「非常同意、同意、基本同意、不同意、非常不同意」五点，价值态度根据调查对象的不同分别设定为「非常愿意、愿意、基本愿意、不愿意、非常不愿意」五点或者「非常支持、支持、基本支持、不支持、非常不支持」五点，价值行为设定为「非常适合、适合、基本适合、不适合、非常不适合」五点。

表 3.2　分量表分布情况和表尺的设计

量表种类	对应的分量表	对应的表尺				
家长量表	分量表 1：家长对信息技术的价值判断	非常同意	同意	基本同意	不同意	非常不同意
	分量表 2：家长对信息技术的价值态度	非常支持	支持	基本支持	不支持	非常不支持
	分量表 3：家长对信息技术的价值行为	非常适合	适合	基本适合	不适合	非常不适合
教师量表	分量表 4：教师对信息技术的价值判断	非常同意	同意	基本同意	不同意	非常不同意
	分量表 5：教师对信息技术的价值态度	非常愿意	愿意	基本愿意	不愿意	非常不愿意
	分量表 6：教师对信息技术的价值行为	非常适合	适合	基本适合	不适合	非常不适合

〔1〕王俊明. 调查问卷与量表的编制及分析方法［EB/OL］. http：//www. 360doc. com/showWeb/0/0/391832. aspx

〔2〕吴明隆. SPSS 统计应用实务［M］. 北京：中国铁道出版社，2001：7.

续表

量表种类	对应的分量表	对应的表尺				
学生量表	分量表7：学生对信息技术的价值判断	非常同意	同意	基本同意	不同意	非常不同意
	分量表8：学生对信息技术的价值态度	非常愿意	愿意	基本愿意	不愿意	非常不愿意
	分量表9：学生对信息技术对的价值行为	非常适合	适合	基本适合	不适合	非常不适合

四、编制题目

确定量表的结构以后，课题组便参考所搜集的资料编制题项。这一阶段是整个课题组开会次数最多、网上在线讨论参与人数最全、观点碰撞最多的阶段。同时课题组还对调查对象进行了大量的访谈，通过多次的思想交流和碰撞，量表中凝聚了众多人的智慧，确保了量表的可用性与科学性。这一个阶段需要解决的主要问题集中在三个方面：其一，这三大类9个分量表如何保持一致性；其二，是不是所有的内容维度中的每一项价值都需要价值判断、价值态度和价值行为；其三，对于内容维度的不同价值应该如何进行描述。解决了这三个主要问题，才能确保量表中每一个题目的科学性和合理性，进而保证整个量表的信度和效度，因此，下面从这三个方面说明本量表如何编制具体的题目。

（一）不同分量表如何保持一致

保证分量表的一致性是量表编制过程中必须解决的问题，在信息技术价值观量表编制的过程中，课题组通过以下两方面的工作，保证了教师、家长和学生量表的一致性。

第一，各分量表由不同的研究人员分别编制。量表编制过程中，为避免思路受限，总课题组下设三个子课题组分别编制教师量表、家长量表和学生量表，在各子课题组编制的过程中，总课题组通过定期的会议研讨和网上交流，不断进行比较分析。

第二，以信息技术价值观结构为依据。课题组已经构建出相对完善的信息技术价值观结构，因此整个量表在编制的过程中均依据此来制定，即从内容维度和元结构维度上分别设计问题。这样在相同的价值项调查上，分别针对家长、教师和学生采用不同的问题描述方式。

（二）内容维度的所有价值项是否都需要价值判断、价值态度和价值行为

最初课题组认为所有的信息技术价值观都可以从价值判断、价值态度和价值行为三个方面进行调查，随着题目编制的进一步深入，课题组发现，有些价值项既有价值判断、价值态度，也有价值行为；但是有些价值项可能只有价值判断，没有价值态度和价值行为，或者只有价值行为，没有价值判断和价值态度；还有些价值可能通过价值行为得知其价值判断。最后，课题组一致认为，并不是所有的价值项都需要价值判断、价值态度和价值行为，要视内容维度的价值内容和具体的调查对象而定。

（三）不同的价值应该如何描述

对价值项的描述是量表设计中非常关键的一步，这个阶段需要解决很多问题：如何用

词、如何表达出准确的含义而不被人误解、如何确保一个描述只反映一个问题、问题描述如何与价值观结构一致等。

问题描述的清晰程度直接影响到量表的信度和效度，因此整个题目编制阶段的重要任务之一就是确定对不同价值的描述方式。为此课题组先后召开了4次会议，与32位不同职业、不同学历的家长交流，访谈了52位不同学科背景、不同学校的教师，与不同年龄段的学生进行座谈和个别交流，并通过电子邮件进行了专家访谈，与此同时课题组成员经常反思并讨论个人作为教师和学生对价值观的认识，最终形成了包括访谈人员在内的所有参与人员一致认可的问题描述方式。由于信息技术价值观结构的内容维度包括经济价值、管理价值、娱乐价值、发展价值和教学价值等不同的价值项，而每一个价值项都包括价值判断、价值态度和价值行为三个方面，并且教师、家长和学生三类不同的调查群体也存在差异。因此，对于每个问题的描述，都充分考虑了多种因素，每一个价值项在不同的量表中进行问题描述时紧密结合前面的界定，并根据不同调查对象的特点改变用词以适应差异。以下系列表格展示了不同价值项在不同的量表中如何进行描述的。

1. 对经济价值的问题描述

根据本研究对信息技术经济价值的界定，整个量表中的经济价值描述主要是从节省时间和财力，提高效率等几个方面进行的。同时考虑到无论是教师在课件制作比赛、优质课评比等活动中获奖，还是学生在各类信息技术比赛中获奖，都能获得一定的物质奖励，尽管这不是节约财力，但能为相关主体增加经济收入，因此，经济价值的问题描述中就包括了因参加比赛而获得物质奖励这一项。根据不同价值主体的特点，经济价值的问题共涉及24项，详见附录1～3，其中教师量表8项，家长量表6项，学生量表8项，在元结构维度上的具体分布见表3.3。

表3.3　对经济价值的问题描述分布

量表类型	价值判断	价值态度	价值行为	总题项
教师量表	3	3	2	8
家长量表	2	2	2	6
学生量表	3	2	3	8

2. 对管理价值的问题描述

管理通常被解释为主持或负责某项工作。而在教育领域一般认为学校的管理行为主要由学校管理部门负责。基于这样的考虑，本研究在对管理价值的问题描述中，家长量表的管理价值没有设计价值判断，其价值行为主要表现为知识管理。根据不同价值主体的特点，管理价值的问题共涉及题项12项，详见附录1～3，其中，教师量表5项，家长量表3项，学生量表4项，在元结构维度上的分布见表3.4。

表 3.4　对管理价值的问题描述分布

量表类型	价值判断	价值态度	价值行为	总题项
教师量表	2	2	1	5
家长量表	0	1	2	3
学生量表	1	1	2	4

3. 对娱乐价值的问题描述

寓教于乐是一个古老的命题，孔子早在公元前 5 世纪就要求学习要“和”与“易”。自那时起，无数的教育改革家都坚持学习不仅是平易的，而且事实上是令人愉快的。当前教育领域中的主体也充分发挥了信息技术的娱乐功能，不仅实现了教学中的寓教于乐，也放松了自己的心情，考虑到信息技术在教学中的应用属于教学价值范畴，对于信息技术的娱乐价值的描述主要集中在主体利用它进行娱乐活动方面的价值，根据不同价值主体的特点，管理价值的问题共涉及题项 13 项，详见附录 1～3，其中教师量表 3 项，家长量表 7 项，学生量表 3 项，在元结构维度上的分布见表 3.5。

表 3.5　对娱乐价值的问题描述分布

量表类型	价值判断	价值态度	价值行为	总题项
教师量表	1	1	1	3
家长量表	1	2	4	7
学生量表	1	1	1	3

4. 对发展价值的问题描述

发展价值涉及很多方面，具体包括审美价值、人际价值、情感价值、创新价值、道德价值和职业价值等。由于发展自身内涵的多样化和丰富性，在对发展价值进行问题描述时，课题组尽可能多地考虑到不同价值主体发展的不同领域。因此，从整个问题描述来看，发展价值描述的问题最多，达到 69 项，详见附录 1～3，其中教师量表 27 项、家长量表 20 项、学生量表 22 项在元结构维度上的分布见表 3.6。

表 3.6　对发展价值的问题描述分布

量表类型	价值判断	价值态度	价值行为	总题项
教师量表	10	9	8	27
家长量表	11	5	4	20
学生量表	9	7	6	22

5. 对教学价值的问题描述

根据前面对信息技术教学价值的界定，根据不同价值主体的特点，教学价值的问题共涉及题项 36 项，详见附录 1～3，其中，教师量表 9 项，家长量表 17 项，学生量表 10 项，在元结构维度上的分布见表 3.7。

表 3.7　对教学价值的问题描述分布

量表类型	价值判断	价值态度	价值行为	总题项
教师量表	4	2	3	9
家长量表	12	3	2	17
学生量表	4	2	4	10

五、量表预测与分析

预测是确保量表质量的重要环节，信息技术价值观量表也需进行预测。本量表预测时，由课题组成员分成三个小组，分别联系调查对象，为避免问卷回收时间过长，采用了当场发放、当场回收的方式，分别发放教师量表 100 份，学生量表 300 份，家长量表 80 份，全部回收，其中有效的教师量表 100 份，学生量表 272 份，家长量表 79 份。并利用 spss15.0 对预测结果进行了项目分析、信度和效度分析。

（一）项目分析

项目分析的目的是找出未达显著水准的题项并把它删除。它是通过将获得的原始数据求出量表中题项的临界比率值—CR 值来做出判断。由于量表的制作一般要经过专家的设计与审查，从而能够保证题项均具有鉴别度，能够鉴别不同受试者的反应程度。因此，很多量表在处理中往往省去这一步。由于本量表是课题组自己编制的，尽管在编制过程中曾经多次与相关专家交流，但为了确保所有题项都具有一定的鉴别度，课题组还是对所有预测的量表都进行了项目分析。

1. 预测量表的项目分析

家长量表中最初设计了 53 个题项，其中价值判断为 26 个题项，在 spss15.0 统计软件中分别用 A1 到 A26 表示，价值态度为 13 个题项，分别用 B1 到 B13 表示，价值行为为 14 个题项，分别用 C1 到 C14 表示。首先，计算出这 53 个题项的总分；然后，根据总分进行高低排序，找出得分较高的前 27%的分数的最低分为 185 分，得分较低的后 27%的最高分数为 161 分；接下来，把所有问题按照得分高低分出高分组和低分组，然后进行 t—test检验。表 3.8 的分析结果表明，题项 A26、B5 和 B12 的 P 值分别为 0.968、0.151 和 0.135，即临界比率大于 0.05，说明题项 A26、B5 和 B12 不具有鉴别度，应该予以删除。其余所有题项的 P 值均达到了显著性标准。经过项目分析之后，问卷共剩下 50 个题项。

用同样的方法对教师量表和学生量表进行分析，可以得出如表 3.9 和表 3.10 所示的分析结果。经过各题项的项目分析之后，学生量表中项目 B12 的 P 值为 0.668，教师量表中项目 A1、A11 的 P 值分别为 0.322 和 0.746，即临界比率大于 0.05，说明题目不具有鉴别度，应该予以删除。其余所有项目的 P 值均达到了显著性标准。经过项目分析之后，学生量表共剩下 43 个题目。教师量表共剩下 50 个题目。

表 3.8　家长量表初测题目项目分析

题项	T	P	题项	T	P	题项	T	P
A1	2.560	0.016	A19	2.265	0.029	B11	3.002	0.004
A2	4.613	0.000	A20	4.604	0.000	B12	1.525	0.135
A3	3.317	0.003	A21	5.576	0.000	B13	3.093	0.003
A4	4.591	0.000	A22	5.313	0.000	C1	2.335	0.024
A5	3.295	0.002	A23	3.718	0.001	C2	3.843	0.000
A6	5.385	0.000	A24	3.412	0.001	C3	3.469	0.001
A7	4.276	0.000	A25	3.879	0.000	C4	6.693	0.000
A8	4.885	0.000	A26	0.041	0.968	C5	4.008	0.000
A9	5.748	0.000	B1	5.244	0.000	C6	3.409	0.001
A10	7.100	0.000	B2	6.309	0.001	C7	2.514	0.016
A11	5.201	0.000	B3	6.034	0.000	C8	2.181	0.035
A12	5.232	0.000	B4	4.387	0.000	C9	4.997	0.000
A13	4.925	0.000	B5	1.461	0.151	C10	5.310	0.000
A14	2.449	0.018	B6	2.590	0.013	C11	3.849	0.000
A15	3.445	0.001	B7	3.881	0.000	C12	3.546	0.001
A16	3.492	0.001	B8	3.798	0.000	C13	2.615	0.012
A17	4.433	0.000	B9	4.661	0.000	C14	4.505	0.000
A18	4.252	0.000	B10	3.010	0.004			

表 3.9　学生量表初测题目项目分析

题项	T	P	题项	T	P	题项	T	P
A1	−5.984	0.000	A19	−9.421	0.000	C1	−9.016	0.000
A2	−6.540	0.000	A20	−9.341	0.000	C2	−3.746	0.000
A3	−6.851	0.000	A21	−9.472	0.000	C4	−4.814	0.000
A4	−5.869	0.000	A25	−7.895	0.000	C5	−6.708	0.000
A6	−9.225	0.000	B1	−6.246	0.000	C8	−8.234	0.000
A8	−7.239	0.000	B2	−7.358	0.000	C10	−9.429	0.000
A9	−8.180	0.000	B3	−8.113	0.000			
A10	−7.806	0.000	B4	−6.550	0.000	C11	−8.504	0.000
A11	−9.207	0.000	B6	−7.197	0.000	C12	−5.567	0.000
A12	−7.616	0.000	B7	−6.872	0.000	C13	−4.882	0.000
A13	−7.029	0.000	B8	−5.083	0.000	C14	−8.938	0.000

续表

题项	T	P	题项	T	P	题项	T	P
A14	−6.033	0.000	B9	−2.162	0.032	C15	−6.588	0.000
A15	−9.104	0.000	B10	−6.565	0.000	C16	−3.844	0.000
A16	−7.938	0.000	B11	−7.270	0.000	C17	−8.714	0.000
A17	−6.544	0.000	B12	−0.431	0.668	C18	−4.253	0.000

表 3.10　教师量表初测题目项目分析

题项	T	P	题项	T	P	题项	T	P
A1	1.003	0.322	A19	3.828	0.000	B16	2.104	0.042
A2	2.630	0.002	A20	6.792	0.000	C1	6.166	0.000
A3	2.260	0.030	A21	4.665	0.000	C2	5.161	0.000
A4	4.344	0.000	B1	4.405	0.000	C3	2.757	0.009
A5	3.705	0.001	B2	4.565	0.000	C4	3.834	0.000
A6	2.614	0.012	B3	4.859	0.000	C5	6.151	0.000
A7	4.854	0.000	B4	7.453	0.000	C6	4.684	0.000
A8	4.077	0.000	B5	3.361	0.002	C7	5.529	0.000
A9	5.049	0.000	B6	5.687	0.000	C8	5.070	0.000
A10	1.137	0.001	B7	6.931	0.000	C9	2.539	0.015
A11	0.326	0.746	B8	2.641	0.011	C10	5.618	0.000
A12	3.460	0.001	B9	6.740	0.000	C11	6.330	0.000
A13	4.301	0.000	B10	5.936	0.000	C12	6.676	0.000
A14	2.969	0.005	B11	3.043	0.004	C13	5.629	0.000
A15	2.306	0.026	B12	3.083	0.004	C14	4.030	0.000
A16	3.357	0.002	B13	2.373	0.022	C15	2.374	0.022
A17	2.242	0.031	B14	4.610	0.000			
A18	4.137	0.000	B15	6.419	0.000			

2. 效度分析

为了保证内容效度，课题组多次讨论问题的具体描述方式，并且在讨论过程中还多次邀请不同的调查对象进行讨论，以尽可能地减少被调查者对题目的误解。为了更好地提高量表的结构效度，在对量表的预测中我们进行了因素分析。

根据统计学知识，KMO是Kaiser-Meyer-Olkin的取样适当性量数，当KMO值越大时，表示变量间的共同因素越多，越适合进行因素分析。根据学者Kaiser（1974）的观点，如果KMO值小于0.5时较不适合进行因素分析，根据分析结果教师量表、学生量表和家长量表的KMO值为分别为0.863，0.894和0.400，该检验表明教师量表和学生量表的项目之间存在着较多的共同因素，完全适合进行因素分析，而家长量表不太适合进行因素分析。

进行因素分析的可靠性与测试样本的抽样选择、样本数的多少有密切关系。进行因素分析时，预试样本应该多少才能保证结果最为可靠，学者间没有一致的结论，然而，多数学者均赞同“因素分析要取得可靠的结果，受试样本数要比量表题项数还多”，如果一个分量表有 40 个预试题项，则因素分析时，样本数不得少于 40 人[1]。从前面的分析可以看出，教师和学生分量表的预测样本数均明显超过量表所包含的试题项数目，因此可以确保因素分析结果的可靠性。

利用 spss15.0 对教师和学生量表进行因素分析，得到如图 3.1、图 3.2 所示的坡度图。可以看出，从第五个因素以后，教师和学生量表的坡度线都较为平坦，因而以保留3～5个因素较为适宜。

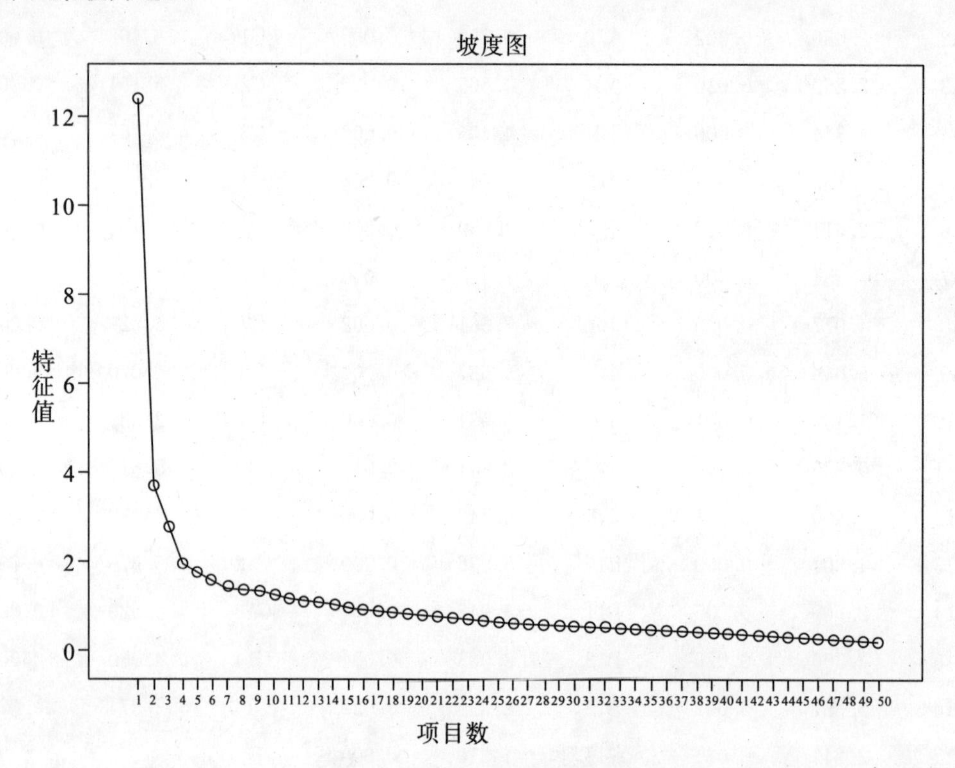

图 3.1　教师分量表的坡度图

[1] 吴明隆. SPSS统计应用实务 [M]. 北京：中国铁道出版社，2001：7.

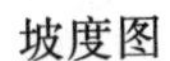

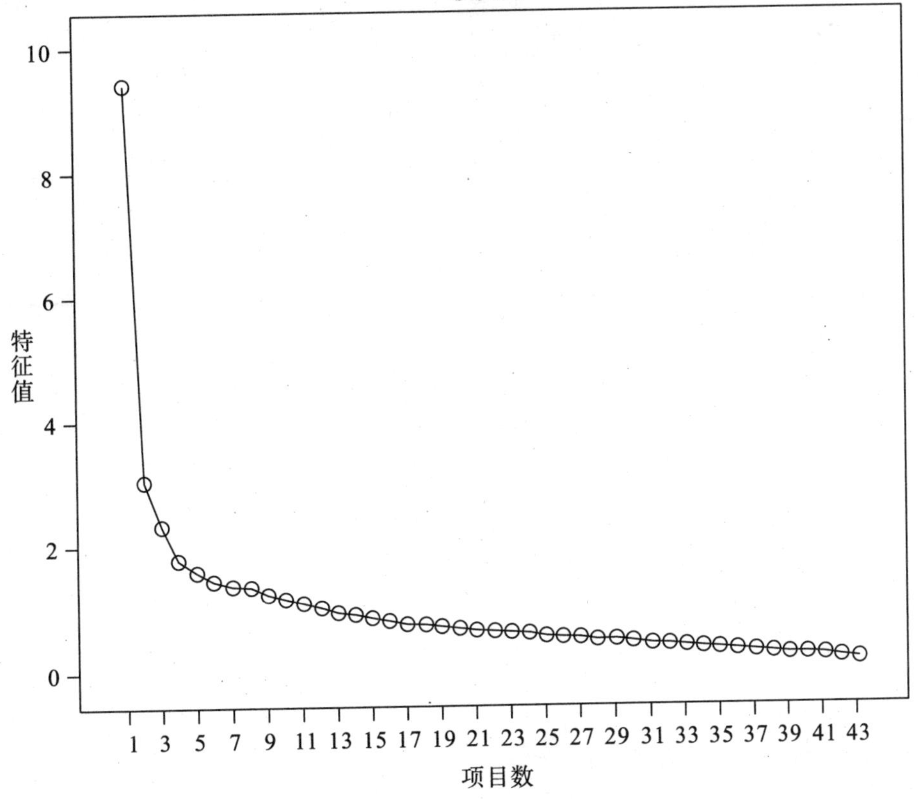

图 3.2　学生分量表的坡度图

由于本量表设计的主要理论依据源于本研究所构建的信息技术价值观结构，为了和前面的价值观结构保持一致，本研究截取 3 个因素，把每一类分量表又按照信息技术价值观的结构分为：价值判断、价值态度、价值行为 3 个子量表。其中教师量表中的 3 个因子分别为：因子 1—价值判断，包含 19 个题项；因子 2—价值选择，包含 16 个题项；因子 3—价值行为，包含 15 个题项；学生量表中的三个子因子分别为：因子 1—价值判断，包含 19 个题项；因子 2—价值选择，包含 10 个题项；因子 3—价值行为，包含 14 个题项。

由于家长量表的 KMO 值小于 0.5 不适合进行因素分析，从表 3.11 中家长量表的预测取样来看，家长的背景最为复杂多样，学历又普遍偏低，这在一定程度上也会导致家长对信息技术价值观点的多元化，再加上时间等条件的限制，家长量表并没有进行进一步的预测。课题组尝试得出了如图 3.3 所示的家长量表的坡度图，结合前面所建构的信息技术价值观结构，家长量表与教师量表和学生量表一样截取了 3 个因素，其中因子 1—价值判断，包含 25 个题项；因子 2—价值选择，包含 11 个题项；因子 3—价值行为，包含 14 个题项。

表 3.11　家长量表预测基本信息

学历分布		城乡分布		职业分布		收入分布	
初中及以下	23.8%	地市	47.9%	教师	12.3%	<1 万	25.0%
高中	29.9%	县市	12.3%	农民	31.5%	1—3 万	47.2%

续表

学历分布		城乡分布		职业分布		收入分布	
中专	16.3%	乡镇	6.8%	公务员	7.5%	3—5万	16.0%
大专	12.9%	农村	32.9%	个体经营者	15.1%	5—8万	9.0%
本科	13.6%			工人	11.6%	>8万	2.8%
硕士及以上	3.4%			公司职员	11.6%		
				其他	10.3%		

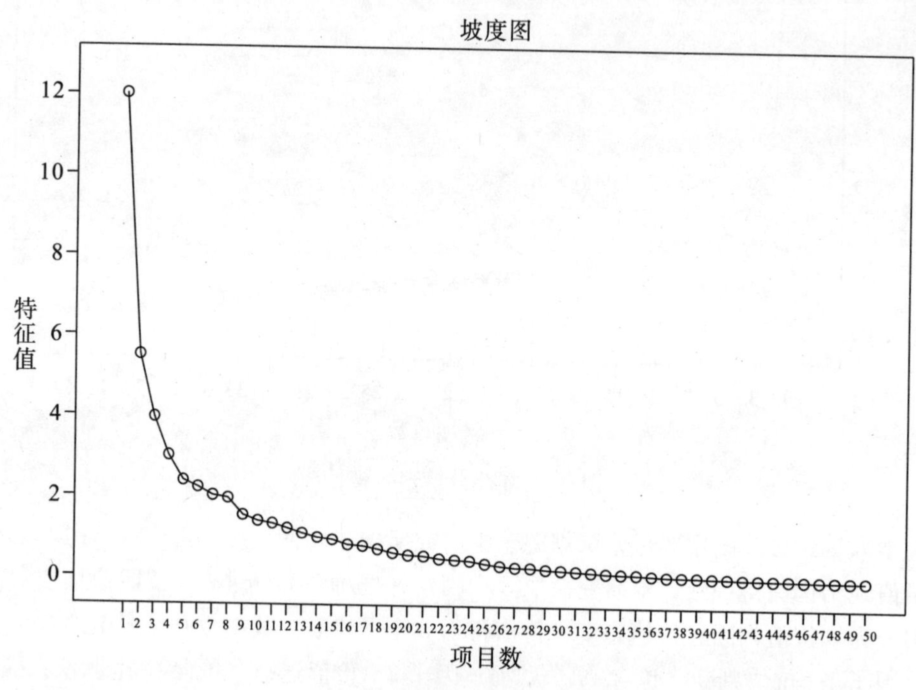

图 3.3 家长分量表的坡度图

3. 信度分析

因素分析完成以后，为了进一步确定量表的可靠性与有效性，需要做信度检验。量表的信度分为内在信度和外在信度。其中外在信度指的是在不同时间测量时，量表一致性的程度；内在信度是指每一个量表是否测量了同一个概念，同时组成量表的所有题项的内在一致性程度如何？再测信度是测量外在信度的常用方法。对于多选项量表，内在信度特别重要，在李克特态度量表法中，常用的信度检验是“Cronbach's alpha”系数，简称α系数，有的学者指出，如果α系数在0.8以上，表示量表具有较好的信度，也有的学者认为α系数在0.7以上量表就比较可靠。本研究采取Cronbach L. J. 于1851年提出Cronbach α系数估算问卷信度，并参考吴统雄（1990）的研究报告所提出之Cronbach α系数参考标准，作为本研究可信度的参考标准，详如表3.12所示。

由于本研究所设计的量表属于多选项量表，因此对于量表的信度分析主要是利用spss15.0对预测结果进行信度检验，得到如表3.13所示的α系数，可以看出，家长量表的α系数为0.924，家长量表中的3个分量表的α系数分别为0.890，0.841和0.902；教师量表的α系数为0.929，教师量表中的3个分量表的α系数分别为0.832，0.888和0.879；学生量表的α系数为0.9019，学生量表中的3个分量表的α系数分别为0.885，0.711和0.797；这表明整个信息技术价值观量表中的3类9个分量表都具有较好的内部一致性。

表3.12　α系数与量表的信度参考数据

α系数	信度参考	
Crombach's α系数　≤0.300	不可信	
0.300<Crombach's α系数　≤0.400	勉强可信	
0.400<Crombach's α系数　≤0.500	可信	
0.500<Crombach's α系数　≤0.700	很可能	最常见
0.700<Crombach's α系数　≤0.900	很可信	次常见
0.900<Crombach's α系数	十分可信	

表3.13　各量表的不同因子和总问卷的信度

项　目		价值判断	价值态度	价值行为	总问卷
Crombachα系数	家长量表	0.890	0.841	0.902	0.924
	教师量表	0.832	0.888	0.879	0.929
	学生量表	0.885	0.711	0.797	0.901

六、量表的修正与完善

根据对预测结果的分析，结合量表发放过程中与调查对象的进一步交流，针对不同的调查对象对量表调查的一些具体说明进行了修改，同时还在以下几个方面做了进一步的修正。

（一）题目的删减和量表的安排

量表中删除了一些不具备鉴别力的题目，把鉴别力符合标准的题目选为正式的题目，并对个别问题的描述方式做进一步修改，然后根据价值判断、价值行为和价值态度，对问题进行分类，最后形成了如附录1～3所示的三大类信息技术价值观量表。

（二）高校教师分量表的独立

在对教师量表进行分析的过程中，课题组感觉到整个量表中有很多问题，比如教师的科研活动、对科研活动的管理、通过网络参加学术会议等都没有涉及到，根据课题组成员的自身经历，这些方面信息技术也确实在发挥着作用。讨论过程中，大家也意识到中小学教师与高校教师的实践存在很大的差异，因此价值观量表中所涉及到的问题肯定会不一样。基于这样的考虑，课题组又针对高校教师的特点，依据前面的价值观结构和量表编制原则在中小学教师量表的基础上设计出高校教师量表，如：附录4。由于时间的关系，高校教师量表并没有进行预测，但是由于高校教师量表主要是在中小学教师量表的基础上增加或改变一些问题的描述，因而在一定程度上能够保证量表的信度和效度。

总之，整个信息技术价值观量表的编制过程严格按照既规范又科学的方式进行，保证了量表具有很好的信度和效度，从而为整个研究过程奠定了基础。

第三节　调查过程

一、确定调查对象

在现实生活中，一定的价值观念总是通过主体的认识和评价活动表现出来的，并表现为主体对客体价值的认识和评价的根本观点。而价值形成源自于客体对主体的效应，价值离不开主体。在没有主体的地方谈论某种东西有无价值或价值大小，是没有意义的，也是不可能的。价值是物体与主体之间的一种属性，这种属性表示物体能够对主体产生作用和影响，与主体发生一种特定的效用关系；没有客体对主体产生的效应，就不会有物的价值属性。因此，研究价值主体对于研究价值哲学具有重要意义，这就要求我们“从主体方面去理解”信息技术价值观。为了客观具体地描述信息技术在教育领域价值观念的现状，本研究选择了和教育密不可分的教师、学生和家长这三类主要承载信息技术价值观的主体作为研究对象，用以了解这三类主体对信息技术价值的认识与看法。依据教育的不同层次，对研究对象再次细化，总体细分如图 3.4 所示：

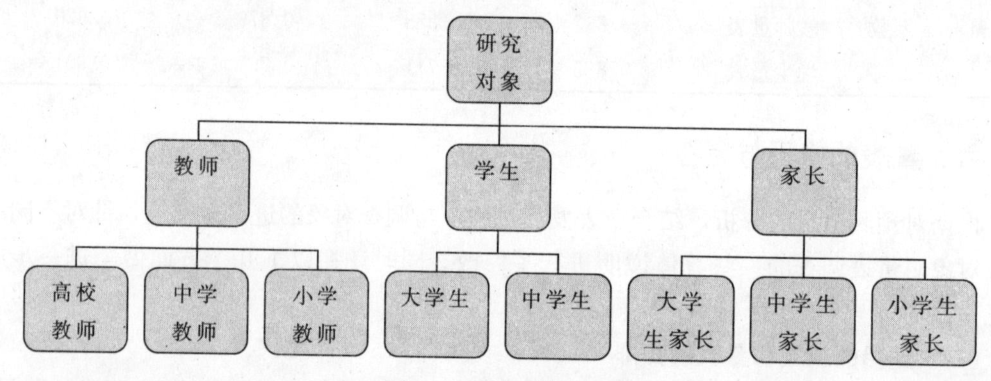

图 3.4　研究对象分布图

在研究调查过程中，小学生对信息技术价值观的认识没有划在调查范围之内，主要原因在于价值观是个体对事物重要性进行评价所持有的内部尺度，受个体成熟因素的制约和认识发展水平的限制。由于儿童属于未成年人，其行为一般在家长和教师的监督之下，他们利用信息技术做什么通常会受到成人的制约；他们对事物的认识和评价也往往来自于成人对事物的评价；儿童一般不从具体事实而是从情绪出发对事物进行评价，带有很大的主观随意性。另外，由于儿童的知识水平和认识有限，对信息技术价值观调查中的某些价值项的理解存在一定障碍和误解。这些都会影响到儿童对信息技术价值观的认识，考虑到这些原因，本研究没有把小学生列入调查主体。

二、抽样

在绝大多数情况下，选择的调查对象都不可能是研究总体的全部，而只是其中的一个部分，因此需要选择合适的样本，即抽样。抽样主要解决的是调查对象的选取问题，即如何从总体中选出一部分对象作为总体的代表的问题。抽样是研究设计的主要内容之一，也是非常关键的步骤和方法，它不仅与研究目的及调查研究内容紧密相关，而且还直接关系到资料的收集、整理与分析。样本的选择和量表的回收状况直接影响到量表调查的效度，进而影响到研究结果的科学性和可推广性。科学地选择样本，保证量表回收率是在进行量表调查之前需要考虑的问题。因此，本研究在量表的多次试行和正式发放之前，都充分考虑了抽样理论。

（一）样本设计

为保证样本抽取的随机性和代表性，需要根据调查目的和要求以及调查总体的情况，对样本单位抽取的程序做出周密的设计和计划安排，这就是抽样设计。根据抽取对象的具体方式，抽样设计分为非概率样本设计和样本概率设计。非概率样本设计事先并不确定每个样本单位被抽中的概率，这种样本设计往往无法排除研究人员偏好对抽样的影响，也无法估算样本估计值的抽样误差，该种方法主要用于样本量规模很小时和研究的初始阶段。非概率样本设计主要包括便利抽样、判断抽样、定额抽样和滚雪球抽样。概率样本设计采取随机的办法，排除研究人员主观因素的干扰，使总样本中的每一个成员都有一个事先确定好抽中概率。概率抽样主要包括简单随机抽样、系统抽样、分层抽样、整群抽样、多阶段抽样[1]。

本研究在样本选择过程中主要使用了便利抽样、判断抽样、滚雪球抽样、分层样本和群体抽样。便利抽样是指研究者根据现实情况，以自己方便的形式抽取偶然遇到的人作为调查对象，或者仅仅选择那些离得最近的、最容易找到的人作为调查对象。判断抽样是调研者根据主观经验和判断，从总体中选择“平均”的或认为有代表性的同时又容易取得的个体作为样本。整群抽样单位不是个体而是群体，抽到的样本包括若干个群体，对群体内所有个体均给以调查，群内个体数可以相等，也可以不等。滚雪球样本是先抽取少量的样本，然后通过滚雪球的方式扩大。分层抽样又称类型抽样，它是先将总体中的所有单位按某种特征或标志（如性别、年龄、职业或地域等）划分成若干类型或层次，然后在各个类型或层次中采用简单随机抽样或系统抽样的办法抽取一个子样本，最后，将这些子样本合起来构成总体的样本[2]。

（二）样本的选择

本研究在量表试行过程中，使用了便利样本选择和判断抽样原则。为检验量表设计是否合理得当，利用判断抽样原则先选了该研究领域的若干专家、学者，请他们从各个不同的角度和不同的方面，对量表的整个设计工作进行评论，再利用便利样本选择原则将同事和聊城地区教师作为教师和家长量表的调查对象，选聊城大学在读的教育技术专业研究生及聊城地区学生作为学生量表的调查对象。

在进行正式的量表调查时，考虑到山东省地缘辽阔，在经济和文化上存在明显的地区性差异。山东省的信息技术在教育领域的应用也反映出这种特质，它既是全国高中信息技

〔1〕风笑天．现代社会调查方法［M］．武汉：华中科技大学出版社，2004：57.

〔2〕风笑天．现代社会调查方法［M］．武汉：华中科技大学出版社，2004：69.

术课程的实验区，又有教育部“农远工程”重点扶助的落后地区。可以说，山东省的信息技术在教育领域的发展从很大程度上折射了全国教育信息化发展的基本状况，它很像是全国教育信息化的一个缩影。因此，依据便利样本选择原则，家长卷、教师卷及中学生的调查问卷的选择以山东省为主，同时为了扩大研究范围，还选取了省外一些有代表性地区的研究对象。

在选择教师样本时，利用便利样本选择，选择一起参加“中国教育技术协会信息技术教育专业委员会第四届学术年会”会议的教师作为调查对象。滚雪球样本选择时，先选择研究者所熟悉的教师、学生和家长作为调查对象，访问这些调查者之后，再请他们将量表发放给他们周围属于要研究的目标总体的调查对象，扩大和完成一定的样本容量，如让教育技术专业在读的学生将量表通过电子邮件形式发给全国各高校各专业的同学，再让同学将量表发放给周围所熟悉的学生，有效地找到符合要求的被调查者。考虑到不同地区的经济文化差异、不同学校的地理位置、学校性质和学科差异会影响教师和学生对信息技术价值观的需求，采用分层抽样。依据地区分层，教师和学生在地区选择上分为经济较发达、发达和欠发达地区；农村和城市；分别为广州、上海、山东、四川和青海等地区的不同地方。最后使用整群抽样利用以上几种方法从相同类型的群体中随机抽取一些小的群体，由所抽出的若干个小群体内的所有单位构成的样本。如：一个学校中的班级，一个宿舍等。

（三）样本规模的确定

在抽样时，还要注意样本规模问题。确定样本单位数是抽样设计的一项重要内容，也是一件非常复杂的工作。样本规模的大小不仅影响其自身对总体的代表性，还关系到调查时间、人力和物力的支出。所以，确定一个合适的样本规模，既做到节约开支，又保证有足够的精确度（代表性）是非常重要的。

样本规模在一定程度上取决于总体规模的大小。从理论上来讲，为保证调查的精确度，总体越大，样本也相应的越大。但是这并不意味着样本大小与总体大小成比例，当总体大到一定程度时，样本不一定等比例扩大。从抽样的可行性和简便性考虑，样本规模越小越好；但样本规模过小，就会加大抽样误差，降低对总体的代表性。所以在综合考虑总体的规模、样本精确度要求、总体的异质性程度、统计分析的要求和所拥有的经费、人力、物力和时间等因素，本研究将各类调查对象的样本控制在300～500人。

三、量表的发放与回收

（一）量表发放方式

调查量表确定后，量表的发放采取了电子邮件和当场发放的方式。

1. 电子邮件方式

就是把设计好的量表通过电子邮件寄发给选定的调查对象，并要求调查对象按规定时间和填写规则填写量表，然后再通过电子邮件将量表寄还给调查者。电子邮件方式有利于控制量表发放的范围和对象，有利于提高样本的代表性，而且具有匿名性强，节省时间和费用等优点。

2. 送发方式

就是由调查者派人或亲自将量表送给选定的调查对象，待调查对象填答完毕后再请专人或亲自收回量表。送发量表有两种具体方式，一是个别送发，又称直接送发，是指调查者直接将量表送发给调查对象本人，待其填答完毕后再收回。二是集体送发，又称间接送发，是指调查者通过某些组织、机构、将量表送发给调查对象，待其填答完毕后再通过这些组织收回量表[1]。送发量表一般回复率较高，回收量表时间迅速、整齐，有利于分析影响回答质量的因素。

（二）发放与回收

1. 教师量表的发放和回收

教师发放和回收过程如下：

2008年7月上旬，由聊城大学传媒技术学院学生利用放假时间将量表带回各地区采用送发方式发放和回收第一批中小学教师量表，在开学初将量表带回。

2008年7月下旬，借助聊城市中小学教师教育技术培训，采用送发方式发放和回收第二批教师量表。

2008年7月下旬，借助山东省高校教师教育技术培训，在德州学院、山东农业大学和淄博职业技术学院采用送发方式发放和回收高校教师教师量表。

2008年7月下旬，借助中国教育技术协会信息技术教育专业委员会第四届学术年会召开之际，采用送发方式发放和回收第三批教师量表，既有中小学教师，也包括高校教师。

2008年8月上旬，采用电子邮件方式联系各地教育部门电教馆，发放第四批教师量表，量表在2008年12月回收。

2008年8月下旬，采用电子邮件方式选取省外有代表的地区北京、上海、深圳、株洲、南京、四川西华、陕西西安、甘肃兰州、青海等地区，发放第五批教师量表。量表在2008年12月回收。

2. 学生量表的发放和回收

发放和回收过程如下：

2008年8月上旬，研究者将第一批量表采用送发方式发放给山东聊城一中，聊城二中、薛城三中学生，并当场回收。

2008年8月上旬，研究者将第二批量表采用送发方式发放给聊城大学学生，并当场回收。

2008年9月下旬，借助研究者的各地同学，采用电子邮件方式将第三批量表发放给各自所在学校的中学生，地区为山东济南、青岛，量表在2008年12月回收。

2008年10月上旬，选取南京师范大学、浙江科技学院、山东科技大学和聊城大学学生，采用电子邮件方式发放第四批量表。借助聊城大学教育技术专业学生，采用电子邮件方式将量表发放给他们各自的高校同学，再经由他们的同学发放第四批量表给各自的同学，量表在2008年12月回收。

3. 家长量表的发放和回收

2008年7月上旬，选取聊城大学100名大学生，这些学生以山东为主，同时还涉及

[1] 风笑天. 现代社会调查方法 [M]. 武汉：华中科技大学出版社，2004：136.

四川、河南两省的学生利用暑假带回家中，由学生采用送发方式发放量表给各自的家长，并把量表的发放和回收作为社会实践活动的一部分，以提高学生参与的积极性，共回收88份。

2008年8月上旬，分别选择聊城市小学5年级和高中二年级的两位班主任，由班主任以作业的形式布置给学生，由学生采用送发方式发放给各自家长并回收。其中小学生家长发放60份，回收54份，中学生家长的发放和回收数量为11份。

2008年9月，选择山东省枣庄市初中家长50份，回收50份。

2008年10月，选择深圳市20位家长，通过电子邮件发放。回收20份。

四、回收量表的筛选

在量表数据搜集的工作完成之后，就要对数据进行分析。在着手分析前，需要认真地将数据进行检验和筛选。回收量表的数据检验和筛选是整理工作中非常关键的一步，数据的真实性是量表调查成功与否的关键。对于信息技术价值观的抽样调查，其目的是为了真实地了解教育领域中主体的信息技术价值观，而我们对调查对象的了解正是通过分析量表收集到的数据实现的。不真实的数据无疑会使调查劳而无功，因此回收量表的检验和筛选是确保量表数据准确、完整、可靠的重要工作。

（一）筛选的原则

回收量表的筛选就是指对原始资料进行检查、验证各种数据是否完整和正确，审核出数据存在问题或无效的量表。目的是保证资料的客观性、准确性和完整性，为下一步的资料整理和分析做好准备。如果原始资料中存在问题和错误，一旦被整理加工后就难以发现和修正，从而导致错误的结论，失去调查研究的科学性。对回收量表的审核和筛选，我们遵循了三个原则，即准确性、完整性和可靠性。

1. 准确性

准确性也就是真实性，它是数据分析结果能否符合实际情况的前提条件。在研究中，对量表数据的真实性审核主要包含两个方面：第一，审核委托学生作为调查者所得到数据来源的客观性问题。数据应当是确实发生过的客观事实材料，而不是委托调查者个人主观杜撰的东西。在委托学生发放及回收家长和学生量表时，要给委托学生说明清楚，如果是委托者本人填写的数据可以不交，所要交的量表一定是被调查者填写的数据。对每个学生提交回收量表时，要对回收的量表及时审核，如果所回收的量表数据雷同，或答案较为一致，则要考虑是是否是学生个人伪造了所有数据。第二、对数据进行逻辑检验，从理论与经验上对各个指标和答案进行对照分析，检查数据中有无相互矛盾的地方。例如，某份量表的“学校类别”的栏内填写是“本科”，“所在学校地理位置”栏内写“农村”，这显然不合逻辑，对这类量表我们进行了认真的审核处理。

2. 完整性

完整性即资料的全面、齐全。在研究中对数据完整性的审核包括这样两个方面的要求：一是调查数据总体的完整性。检查调查过程是否都按设计的要求完成了，应该调查的项目是否都已调查到。因为是抽样调查，则应检查量表的回收率以及有效问卷的数量是否达到要求；检查是否每个样本都已调查，有无遗漏，如果有遗漏的调查样本，则需要及时补充调查被遗漏的样本。二是每份调查数据整体的完整性，主要是审核量表上的所有问题是否按照要求填写；检查被调查者有无遗漏，调查项目是否空缺？如果资料残缺不全，将会降低研究的价值。所以，对那些严重缺损的资料要筛选出去，如回收量表中基本信息资料没有填写或若有50%以上的调查题目没有回答，就可判为废卷，不转到下一步骤参加整理和分析。

3. 可靠性

量表数据的可靠性审核是指根据已知情况来判断调查所得到的数据是否与客观事实相符。在研究中，一是在调查前，调查者都会对调查对象进行初步了解，调查结果如果与调查者事先了解的情况差距太大，就有必要对这个数据表示怀疑，进行检验，但在检验时一定要慎重，应尽量避免以调查者主观先入为主的成见作为标准对调查数据进行判断。对数据产生怀疑后必须经过仔细的审核才可确认该数据是否正确。比如：调查者知道农村信息技术条件较差，如果学生在信息技术价值观行为方面的结果数据明显超过城市学生，那么需要对这些数据进一步审证，可以通过访谈调查对象，分析原因，来检查是调查数据是否存在问题。二是审核每份量表的数据，如果在一份量表中，如果他所有的问卷答案为同一个，或者某一模块内容的答案为同一个，则需要检验答案的可靠程度。

（二）回收量表的筛选

根据以上原则，课题组坚决剔除了那些有明显错误的、不准确的、填写不完整的和感觉不可靠的量表，不同量表的筛选结果见表3.14。从表中可以看出，学生卷的回收率最高，家长卷的回收率最低，高校教师量表的有效率最高，家长量表的有效率最低。这与课题组选择的量表发放方式有关，高校教师量表主要采用当场发放当场回收的方式，并且有课题组成员当场对量表填写要求进行说明，因而有效率较高。而家长量表一部分是通过学生转给家长，另一部分是由教师转给学生，然后再转给家长，这样有些家长对量表填写的必要性和要求容易产生误解，因此，回收率和有效率均较低。

当然对原始资料的审核只是将资料进行了初步的检查和筛选，资料仍处于原始的状态，仍无法着手使用。因此，对资料检验之后，就需要按一定的标准将所有资料划分到不同的类别和组别之中进行整理分析。

表3.14　量表回收情况统计

主体	发放总数（份）	回收总数（份）	有效问卷（份）	回收率/%	有效率/%
中小学教师	400	379	353	94.75%	93.13%
高校教师	300	290	290	93.7%	100%
学生	550	550	517	100%	94%
家长	250	223	201	89.2%	80.4%

第四章　信息技术价值观现状分析

第一节　总体情况说明

一、基本信息说明

对筛选后的所有有效问卷数据，经过编码之后，全部输入计算机，以 Spss 15.0 统计软件进行数据统计与分析。以此来研究各类主体的信息技术价值观。本研究以教育领域内教师、学生和家长三类主体为研究对象，分别调查他们的信息技术价值观现状，并对其作了比较。其中教师群体，又区分为中小学教师和高校教师两类。

（一）中小学教师基本信息

共计发放中小学教师调查问卷 400 份，回收 379 份，其中有效问卷 353 份。问卷回收率 94.75％，问卷有效率 93.13％。基本情况统计见表 4.1。

表 4.1　中小学教师基本信息统计

类别	项目	填答人数	百分比（％）
教师性别	男性	180	51.0
	女性	173	49.0
教师年龄段	30 岁以下	155	43.9
	31－40 岁	169	47.9
	40 岁以上	29	8.2
教师学历	中专及以下	21	5.9
	大专	128	36.3
	本科及以上	204	57.8
学校类型	小学	121	34.3
	初中	167	47.3
	高中	65	18.4
学校所在地区	农村	188	53.3
	城市	165	46.7
合计		353	100

从表中数据可以看出，男女教师人数相当，以年轻教师为主，农村和城市学校的教师人数相当，分别涉及到小学、初中和高中，学历分布以本科和大专为主，样本选择符合我

国中小学教师的现状。

（二）高校教师的基本信息

共计发放高校学教师调查问卷300份，回收277份，其中有效问卷275份。问卷回收率92.33%，问卷有效率99.28%。基本情况统计见表4.2。

表4.2　高校教师基本信息统计

类别	项目	填答人数	百分比（%）
教师性别	男性	100	36.4
	女性	175	63.6
教师年龄段	30岁以下	115	41.8
	31—40岁	127	46.2
	40岁以上	33	12
教师学历	本科及以下	139	50.5
	硕士及以上	136	49.5
学校类型	省属	85	30.9
	市属	73	26.5
	高职	117	42.5
职称	初级	94	34.3
	中级	125	45.4
	高级	56	20.3
文理科	理科	181	65.8
	文科	94	34.2
合计		275	100

以上数据可以看出：被调查者的性别人数差别较大，教师多为男中青年教师，教师学历普遍在本科、研究生之间，学校为省属、市属、高职，职称大多为初、中级，这些状况与我国高校实际情况较为符合，具有一定的代表性。

（三）家长的基本信息

共计发放家长问卷250份，回收206份，其中有效问卷201份。问卷回收率82.40%，问卷有效率97.57%。基本情况统计见表4.3。

表4.3　家长基本信息统计

类别	项目	填答人数	百分比（%）
家长性别	男性	98	49.2
	女性	101	50.8
家长年龄段	30岁以下	13	6.5
	31—40岁	80	40.0
	41—50岁	92	49.0
	50岁以上	15	7.5

续表

类别	项目	填答人数	百分比（%）
家长学历	初中及以下	36	18.0
	高中	44	22.0
	中专	30	15.0
	大专	37	18.5
	本科及以上	53	24.3
从事的职业	教师	28	14.1
	农民	46	23.1
	公务员	28	13.6
	个体经营者	22	11.1
	工人	18	9.0
	公司职员	22	11.1
	其他	36	18.1
家庭地址	农村	63	31.6
	城市	136	68.4
合计		201	100

注：由于部分家长不愿意透露某一方面的个人信息，家长基本信息作答人数的总和小于问卷总数。

从表中所示的家长调查样本的基本情况可以看出，被调查的家长在男女比例、学历、职业以及家庭地址分布较为均衡，年龄主要分布在 31 到 50 岁之间，年收入以 1－3 万元为主，高收入家庭的家长相对较少。在学历水平上硕士及以上学历人员只有 5 名，在分析过程中，便把硕士及以上学历人员一起并入本科及以上学历人员。

（四）学生的基本信息

学生问卷共发放 550 份，回收 550 份，其中有效问卷 517 份。问卷回收率 100%，问卷有效率 94%，见表 4.4。

表 4.4　学生基本信息统计

类别	项目	填答人数	百分比（%）
家庭住址	城市	286	51.5
	农村	251	48.5
性别	男	257	49.7
	女	260	50.3
擅长	文科	201	38.9
	理科	316	61.1
学校类型	初中	134	25.9
	高中	184	35.6
	本科学校	199	38.5
学校属性	农村	67	13
	城市	450	87
合计		517	100

在样本分布方面，除农村学校比重偏小之外，其他都分布均匀。农村学校样本少的主要原因在于大部分的中学和全部的大学都在城市。

二、结果与分析

（一）各量表基本信息

经过项目分析之后，各量表的题项数量并不相同，而且在信息技术价值观元结构维度上的分布也存在差异。详见表 4.5。

表 4.5　各量表题项统计

项目	中小学教师	高校教师	学生	家长
价值判断	19	26	18	25
价值态度	16	18	13	11
价值行为	15	22	17	14
总题项	50	64	48	50

（二）信息技术价值观元结构维度的分析

由于价值判断、价值态度和价值行为三个子量表所涵盖的题项不同，因而不能直接从平均数的大小来比较，将各层面的平均数除以各维度的题项，可以求出不同量表中每题的平均得分，见表 4.6。

表 4.6　各量表元结构维度情况

项目	中小学教师	高校教师	学生	家长
价值判断	4.03	3.92	3.93	3.13
价值态度	4.16	4.06	4.23	3.68
价值行为	3.69	3.80	3.53	2.82
总题项	3.17	3.92	3.89	3.16

1. 从分析结果来看，不论教师、学生还是家长，都有一个共同的特点，即价值态度的分值最高，其次是价值判断，价值行为的分数都是最低。

2. 对于中小学教师来说，价值态度和价值判断的分数都超过了 4 分，价值行为的分数也超过了 5 分制的平均数，总体来看，中小学教师的信息技术价值观得分较为乐观。对于高校教师来说，价值判断、价值态度和价值行为三者之间的得分差异不大，且都超过了 5 分制的平均数，总体来说，也较为可观。

3. 对于学生来说，价值态度的每题平均得分最高为 4.25 分，亦属于较好程度范围；其次是价值判断得分为 3.93，居于中等程度范围偏上；价值行为每题平均得分最低为 3.53，约居于中等程度范围。

4. 对于家长来说，价值态度的每题平均得分最高为 3.68 分，其次是价值判断得分为 3.13 分，价值行为每题平均得分最低为 2.82 分。可见，家长的价值态度和价值判断处于中等层次的范围，而价值行为总体上急需提高。

5. 从各类主体来看，教师的分数明显高于学生和家长。

从以上几点可以看出，在信息技术元结构维度上，家长、教师和学生的信息技术价值观均未实现合目的性与和合规律性的统一。

（三）不同主体信息技术价值观内容维度的比较

上面的分析只是为我们提供了信息技术价值元结构维度的总体情况，接下来，用同样的方法可以看出经济价值、管理价值、娱乐价值、发展价值和教学价值的内容结构维度上的价值观状况。

1. 经济价值

表 4.7（a） **各量表经济价值比较**

项　目		中小学教师	高校教师	学生	家长
经济价值	价值判断	4.2536	4.0728	4.1902	3.3442
	价值态度	4.4108	4.1570	4.4245	3.6633
	价值行为	3.8131	4.0127	3.6602	3.3784

在经济价值内容维度上，价值判断和价值态度都是中小学教师的分数最高，其次是学生，然后是高校教师，最后是家长。这说明教师和学生对信息技术经济价值的认同度比较高，但是家长显然在这方面关注的不够，这与实际情况相符合，教师和学生更多地运用信息技术来节约时间，提高效率等，但是家长的工作和生活与信息技术关联的程度要相对弱一些，还有很多家长根本接触不到信息技术。在价值行为上，高校教师表现出最高的得分，与其价值判断和态度较为一致，都在 4 分以上。家长的得分最少，但也与其判断和态度得分较为一致，都在 3 分以上。只有中小学教师和学生的价值行为明显低于其判断和态度，表现出较大的差异。

2. 管理价值

表 4.7（b） **各量表管理价值比较**

项　目		中小学教师	高校教师	学生	家长
管理价值	价值判断	4.1587	4.0818	4.2536	
	价值态度	4.2847	4.3128	4.4108	3.9645
	价值行为	3.2727	3.7951	3.8131	1.9823

在管理价值内容维度上，价值判断和价值态度都是学生的得分最高，并且教师和学生在这两方面的得分没有太大差异，表现出较大差异的还是家长，得分明显低于教师和学生。在价值行为上，教师和学生的得分都明显低于其判断和态度，表现出较大的不一致，这说明实际情况中还有很多因素限制了他们把判断和态度转换为行为。但是家长表现出的这种不一致更为显著，得分仅为 1.9823 分，这与本研究对管理价值的定位有关，即把管理价值界定为信息技术管理教育教学活动和知识管理。而且量表的设计中家长在管理价值维度的价值行为只涉及到知识管理这一项，可见，目前很多家长对自己的孩子缺少利用信息技术实现知识管理的引导，从访谈和实际的调研来看，还有很多家长，即使他们接受过

高等教育，也从来不曾利用信息技术进行个人知识管理，因而管理价值的价值行为得分较低。

3. 娱乐价值

表 4.7（c） 各量表娱乐价值比较

项 目		中小学教师	高校教师	学生	家长
娱乐价值	价值判断	3.8395	3.8900	4.3752	3.6010
	价值态度	3.8000	3.9300	4.1219	3.0704
	价值行为	3.6147	3.8100	3.735	0.9911

在娱乐价值这个内容维度上，其价值判断和价值态度，学生表现出最高的分数，都超过了 4 分，这说明学生对信息技术的娱乐价值最为推崇，表现为判断的认同和态度的愿意。其次是教师，这里中小学教师和高校教师、家长没有表现出较大的差异，得分基本接近，这说明他们对于信息技术娱乐价值的判断和态度基本趋向于一致。根据实际情况，也可以发现，家长、教师对于信息技术娱乐价值表现的比较理性，但大部分学生表现出强烈的支持态度。

在价值行为上，教师、学生的分数接近，其中教师行为的得分与其判断和态度的得分基本接近，学生行为的得分明显低于其判断和态度，这说明在实际情况中，还存在很多限制学生利用信息技术进行娱乐活动的因素和原因。但家长明显表现出行为的得分偏低，仅为 0.9911，远远低于其判断和态度的得分，这是因为我们调查的是家长陪孩子一起利用信息技术进行娱乐的行为，而访谈中很多家长相当认可信息技术的娱乐价值，但是在孩子利用信息技术进行娱乐方面，访谈和问卷调查得出完全相似的结论，那就是家长不愿意且很少让孩子利用信息技术进行娱乐，尤其是中小学学生的家长，这也与学生的价值行为得分偏低有一定的关系。

4. 发展价值

表 4.7（d） 各量表发展价值比较

项 目		中小学教师	高校教师	学生	家长
发展价值	价值判断	3.9824	3.7777	3.7769	3.2745
	价值态度	4.1171	4.0113	4.1826	3.7779
	价值行为	3.3535	3.6927	3.5827	3.3465

在发展价值这个内容维度上，几类调查主体在价值判断上没有表现出较大的得分差异，这说明大家对信息技术在个人发展方面表现出的价值认同度较为一致。在价值态度方面，教师和学生的得分较为一致，都超过了 4 分，这说明他们愿意利用信息技术促进个人的发展，家长的得分稍微低于教师和学生，为 3.7779 分，也还处于比较可观的层次上。在价值行为上，几类调查主体也没有表现出较大的得分差异，与其价值判断得分较为一致。

总体来看，对信息技术促进个人发展所表现出的价值，各类主体对此的态度得分较高，这说明随着信息化的不断发展，他们已经感受到信息技术在促进个人发展上所起到的巨大作用。

5. 教学价值

表 4.7（e） 各量表教学价值比较

项 目		中小学教师	高校教师	学生	家长
教学价值	价值判断	4.0184	4.0529	3.8999	3.2583
	价值态度	4.1955	4.1509	4.1992	3.7504
	价值行为	3.3824	3.9550	3.3527	3.2027

在教学价值这个内容维度上，教师的价值判断得分最高，其次是学生，家长的得分最低。这是因为教学主要发生在学校，与教师和学生关系比较密切。在价值态度上，学生与教师的得分基本接近，从量表的调查题目来看，主要调查的是学生对于教师在教学中运用信息技术的态度调查，大部分学生愿意教师在教学中运用信息技术，这也说明对于信息技术的教学价值，教师和学生的态度较为一致。从价值行为来看，高校教师的得分明显高于其他几类主体。从实际情况调查来看，高校教师没有升学压力、高校的多媒体设备比较完善、相关领导也比较重视，因此，他们可以较多地把信息技术应用到教学中。而对于中小学教师来说，他们面临学生升学的压力，加上设备、观念和政策限制，他们在教学中运用信息技术的行为相对减少。对于家长来说，这项得分与其判断和态度较为一致，这说明越来越多的家长开始利用信息技术促进孩子学习。

（四）各类主体在信息技术价值观不同内容维度的比较分析

前面对各个内容维度，按照不同的主体进行了比较分析，下面对每一类主体在不同内容内容维度上进行相应的比较分析，见表 4.8。

表 4.8 各量表内容维度情况

项 目		中小学教师	高校教师	学生	家长
经济价值	价值判断	4.2536	4.0728	4.1902	3.3442
	价值态度	4.4108	4.1570	4.4245	3.6633
	价值行为	3.8131	4.0127	3.6602	3.3784
管理价值	价值判断	4.1587	4.0818	4.2536	
	价值态度	4.2847	4.3128	4.4108	3.9645
	价值行为	3.2727	3.7951	3.8131	1.9823
娱乐价值	价值判断	3.8395	3.8900	4.3752	3.6010
	价值态度	3.8000	3.9300	4.1219	3.0704
	价值行为	3.6147	3.8100	3.7350	0.9911
发展价值	价值判断	3.9824	3.7777	3.7769	3.2745
	价值态度	4.1171	4.0113	4.1826	3.7779
	价值行为	3.3535	3.6927	3.5827	3.3465

续表

项　目		中小学教师	高校教师	学生	家长
教学价值	价值判断	4.0184	4.0529	3.8999	3.2583
	价值态度	4.1955	4.1509	4.1992	3.7504
	价值行为	3.3824	3.9550	3.3527	3.2027

1. 中小学教师

中小学教师对信息技术经济价值的判断和态度得分最高，尤其是经济价值的态度得分为4.4108，已经达到相当高的分数，相应的价值行为得分为3.8131分，虽然低于判断和态度，但在各个内容维度的价值行为上得分也是最高的。这说明尽管有一些因素在影响着中小学教师发挥信息技术经济价值的行为，但信息技术的经济价值已经得到较好的体现。总体来看，中小学教师在各个内容维度上价值判断和价值态度分数都较高，只有娱乐价值的判断和态度得分稍微低一些，这说明还有部分教师没有认识到信息技术在娱乐方面的价值。

从价值行为来看，得分都低于对应地价值判断和价值态度，其中表现出较大差异的有管理价值、发展价值和教学价值，其中管理价值的价值行为得分为3.2727，尽管这也不算一个很低的分数，但与其判断4.1587分和态度4.2847分相比较，差别比较大。这说明中小学教师还没有较好的发挥信息技术的管理价值，相应的行为相对来说较少。还有发展价值和教学价值的行为，与其对应的判断和态度也有不小的差别，从实际中我们也发现，在中小学还有很多因素限制了他们判断、态度和行为的一致。

2. 高校教师

高校教师对信息技术管理价值的判断和态度得分最高，尤其是管理价值的态度的得分为4.3128，但相应的价值行为得分为3.7951，在各个内容维度的价值行为上得分是最低的，这说明高校教师对信息技术管理价值的判断、态度和行为存在较大的不一致。通过进一步的访谈，我们了解到很多高校教师尽管认同信息技术的管理价值，但是出于种种考虑，如害怕科研成果被别人盗用、害怕网络不安全丢掉信息等，因此他们通常不会把自己的科研、工作、学习放到公众的范围，从而导致了管理价值在判断、态度和行为上的不一致。

高校教师对信息技术娱乐价值在各个内容维度上得分均处于偏低的位置。通过访谈和高校的实际情况来看，调查者多为学科教师，平时多使用信息技术教学，学生其他方面的发展一般有学生和辅导员等来进行，高校教师压力较大，特别处于中级职称的教师家庭，科研压力都较大，娱乐时间较少。

3. 学生

学生对信息技术发展价值和教学价值的价值判断上，得分分别为3.7769和3.8999，低于均值。对信息技术的发展价值判断进一步分析发现，其中人际和情感两个方面得分较低，尤其是情感价值判断方面，平均得分仅为3.1000。对信息技术的教学价值判断进一步分析，学生认为在信息技术能改进学习方法和提高自主学习能力方面并不理想；在价值态度上，学生对利用信息技术进行交流的态度不积极；在价值行为上，学生利用信息技术娱乐、情感和创新发展的行为较少。

另外，就信息技术价值判断来说，以“娱乐价值”层面的得分最高，为4.3750分，而以“发展价值”层面的得分最低。这一点可以从实际情况中得到合理的解释。根据中国互联网组织发表的中国互联网络发展状况统计报告可以得知，目前我国的学生将信息技术更多的是用于娱乐：如看电影、打游戏等，所以学生肯定了信息技术的娱乐价值。而对信息技术的发展价值而言，从访谈和实际的调研来看，尽管信息技术已在全国教育范围普及开来，但信息技术无论是作为一门课程还是作为教学工具，其在学生个人发展中的价值体现的还不够充分。信息技术作为一门课程，学生通常把它作为知识来记忆；信息技术作为辅助教学工具，还没有真正实现学校教学的深化改革，达到培养和发展人才的目标。将学生的娱乐价值和发展价值判断继续用“列联表分析”（给出多个变量在不同取值下的数据分析，从而分析变量之间的相互关系）中的五种方法检验发现：各种检验方法显著水平都是远远小于0.05的。可见学生对信息技术的娱乐价值判断影响了对发展价值的判断。

4. 家长

家长对各个内容维度的价值判断和价值态度均达到中等层次的范围，而对管理价值和娱乐价值的价值行为得分很低，分别为1.9823和0.9911，明显低于相应的价值判断和价值态度。可见，在管理价值和娱乐价值两个内容维度上，家长的信息技术价值观在价值判断、价值态度和价值行为之间存在着极端的不一致。这说明家长对于信息技术的管理价值和娱乐价值还没有合理的认识，通过访谈，我们发现家长对信息技术管理价值认识不合理跟家长的工作性质有关系，很多家长的工作不涉及管理，因此也没有利用信息技术进行管理的相关体会。家长对信息技术的娱乐价值认识不合理，源于他们自己及周围人群利用信息技术的娱乐方式，比如很多家长本人或朋友经常利用信息技术玩游戏，以此就推断自己的孩子也只会利用计算机玩游戏，这样会耽误学习，进而限制孩子使用信息技术进行娱乐。

（五）价值判断、价值态度和价值行为之间的相关分析

对于不同的调查主体，我们分别对其价值判断、价值态度和价值行为之间的相关做了分析，结果显示如下：

中小学教师的价值判断与价值态度、价值行为呈现显著的正相关，其相关系数分别为：0.576**①和0.390**。价值态度与价值行为呈现显著的正相关，其相关系数为0.547**。

高校教师的价值判断与价值态度、价值行为呈现显著正相关，其相关系数分别为：0.704**和0.688**。价值态度与价值行为之间呈现显著正相关，其相关系数为0.735**。

家长的价值判断与价值态度、价值行为呈现显著的正相关，其相关系数分别为：0.749**和0.516**。价值态度与价值行为呈现显著的正相关，其相关系数为0.520**。

学生的价值判断、价值态度和价值行为之间均呈现非常显著的正相关，价值判断与价值态度、价值行为之间的相关系数分别为：0.562**和0.496**。价值态度和价值行为之间的相关系数分别为：0.494**。

① 一个*表示差异系数小于0.05，有显著差异；两个**表示差异系数小于0.01，表示差异更显著。

总体来看，各类主体对信息技术的价值判断与价值态度、价值行为呈现显著的正相关，即个人的价值判断会影响其后的价值态度和价值行为；对于信息技术价值的态度与价值行为也呈现显著的正相关，即个人的态度会影响其信息技术行为。

第二节 相同特征变量对信息技术价值观的影响

对于各类主体来说，设计的特征变量不同，其中有两个相同的特征变量，分别是城乡分布和性别，详细分析如下。

一、城乡分布对信息技术价值观的影响

（一）元结构维度的城乡差异

表 4.9 元结构维度的城乡差异

项目		中小学教师			学生			家长		
		M	T	P	M	T	P	M	T	P
价值判断	城市	4.0513	0.968	0.334	3.9854	3.462**	0.001	3.1008	−1.257	0.210
	农村	4.0067			3.8545			3.1993		
价值态度	城市	4.2302	2.546*	0.011	4.3144	4.456**	0.000	3.6566	−0.695	0.488
	农村	4.1062			4.1447			3.7258		
价值行为	城市	3.7912	2.877*	0.004	3.6426	4.817**	0.000	3.0978	1.560	0.120
	农村	3.6121			3.4234			2.9252		

由于我国当前采用的是城乡二元体制的社会结构，本次调查最初把城市分为地级城市和县级城市，把农村分为乡镇和农村，是想作更精确地调查研究，结果乡镇家长的样本明显少于其他样本数量，为避免样本过少对研究结果带来的影响，这里我们还是从城乡二元结构出发，把城乡分布设定为城市和农村，并利用独立样本的 t 检验法分析城乡分布对信息技术价值观的影响，具体数据见表 4.9。

从数据结果分析来看，家长信息技术技术价值观的元结构维度没有表现出显著的城乡差异，中小学教师和学生信息技术价值观元结构表现出不同程度的显著城乡差异，具体表现在：

①从均数比较来看，中小学教师信息技术价值观元结构维度上存在较为明显的城乡差异，不论价值判断、态度还是行为，城市教师的均数都高于农村教师的均数。从 T 检验结果来看价值态度和价值行为呈现较为显著的城乡差异，价值判断不存在城乡差异。

②学生信息技术价值观在元结构维度上都存在显著的城乡差异，农村和城市的学生在总的价值判断、价值态度和价值行为上的显著值都小于 0.01。产生差异的主要原因在于家庭和学校的客观条件不同，农村的信息技术设备和条件不如城市，自然无法较好的开展活动，进而影响了价值态度，价值判断和价值行为。

（二）内容维度的城乡差异

1. 经济价值的城乡差异T值表

表 4.10（a） 经济价值的城乡差异T值表

项目		中小学教师			学生			家长		
		M	T	P	M	T	P	M	T	P
价值判断	城市	4.2683	0.480	0.632	4.2317	1.687	0.092	3.2629	−1.713	0.088
	农村	4.2394			4.1534			3.4901		
价值态度	城市	4.4665	1.737	0.083	4.5775	2.613	0.009	3.6259	−0.940	0.349
	农村	4.3617			4.4367			3.2539		
价值行为	城市	3.9939	4.199**	0.000	3.7309	3.678**	0.000	3.4238	1.652	0.100
	农村	3.6623			3.4468			3.2095		

从三类主体来看，均数都存在较为明显的城乡差异，不论判断、态度还是行为，城市主体的均数都高于农村主体的均数。从T检验结果来看，中小学教师关于经济价值的价值行为呈现显著的城乡差异，但价值判断和价值态度的差异不显著。学生的价值态度和行为呈现显著的城乡差异，但价值判断的差异不显著。可见学生都比较认同信息技术能获取较多的经济利益，尤其是在获取学习资源方面，信息技术提供了极大地便利性。家长对于经济价值的判断、态度和行为都没有呈现出显著差异。

2. 管理价值的城乡差异T值表

表 4.10（b） 管理价值的城乡差异T值表

项目		中小学教师			学生			家长		
		M	T	P	M	T	P	M	T	P
价值判断	城市	4.2348	1.785	0.075	4.3046	1.776	0.076			
	农村	4.0958			4.1952					
价值态度	城市	4.3536	1.897	0.059	4.3725	2.145	0.032	3.9627	−0.443	0.658
	农村	4.2234			4.2642			4.0161		
价值行为	城市	3.4110	2.311*	0.021	3.6625	4.695**	0.000	3.3156	0.026	0.979
	农村	3.1596			3.3144			3.3696		

对于中小学教师和学生来说，关于管理价值的均数存在城乡差异，不论判断、态度还是行为，城市主体的均数都高于农村主体的均数。经过T检验分析，关于管理价值的价值判断和态度差异均不显著，价值行为呈现显著差异。

对于家长来说，情况较为特殊，其工作和生活较少涉及信息技术的管理价值，因此调查时没有设计管理价值的判断题项，仅调查了他们对于信息技术管理价值的态度和行为，结果显示对于价值态度来说，农村家长的均数高于城市家长，这说明农村家长对于管理的态度稍微好于城市家长，但相比较来说，分数都特别低。

3. 娱乐价值的城乡差异T值表

表4.10（c）　娱乐价值的城乡差异T值表

项目		中小学教师			学生			家长		
		M	T	P	M	T	P	M	T	P
价值判断	城市	3.8841	0.920	0.358	4.4662	3.281**	0.001	3.5809	−0.766	0.445
	农村	3.8043			4.2789			3.6885		
价值态度	城市	3.8282	0.580	0.562	4.2669	3.718**	0.000	3.0667	−0.288	0.774
	农村	3.7742			3.9681			3.1111		
价值行为	城市	3.8354	3.644**	0.000	3.8759	3.142*	0.002	2.4516	−1.101	0.272
	农村	3.4149			3.5857			2.5807		

中小学教师关于信息技术娱乐价值的价值判断和价值态度不存在城乡显著差异，价值行为呈现显著差异。学生关于信息技术娱乐价值的价值判断、态度和行为都存在显著的城乡差异。家长在信息技术娱乐价值的判断、态度和行为上均不存在城乡显著差异。

4. 发展价值的城乡差异T值表

表4.10（d）　发展价值的城乡差异T值表

项目		中小学教师			学生			家长		
		M	T	P	M	T	P	M	T	P
价值判断	城市	4.0012	0.683	0.495	3.8532	3.654**	0.000	3.2774	0.087	0.930
	农村	3.9659			3.6965			3.2698		
价值态度	城市	4.1755	2.088	0.038	4.2655	3.776**	0.000	3.7778	−0.058	0.954
	农村	4.0715			4.0952			3.7841		
价值行为	城市	3.8285	1.519	0.130	3.6534	3.067*	0.002	3.4341	2.074*	0.039
	农村	3.7274			3.5074			3.1677		

关于信息技术发展价值的判断、态度和行为，中小学教师不存在城乡显著差异，说明不论城市还是农村，他们都认识到了信息技术的发展价值，并且愿意运用信息技术促进自身发展。但是学生在发展价值判断、态度和行为方面均呈现非常显著的城乡差异，结果显示城市高于农村。家长仅在发展价值行为上呈现显著的城乡差异，城市家长发展价值的价值行为发生的频率显著高于农村家长。

5. 教学价值的城乡差异T值表

表 4.10 (e) 教学价值的城乡差异T值表

项目		中小学教师			学生			家长		
		M	T	P	M	T	P	M	T	P
价值判断	城市	4.0186	−0.005	0.996	3.9645	2.070	0.039	3.1667	−2.627**	0.009
	农村	4.0183		0.996	3.8355			3.4524		
价值态度	城市	4.3292	3.748**	0.000	4.3152	3.806**	0.000	3.7111	−1.094	0.275
	农村	4.0744		0.000	4.0974			3.8360		
价值行为	城市	3.5122	2.985*	0.003	3.4478	3.232*	0.002	3.3284	2.963**	0.003
	农村	3.2784		0.003	3.2617			2.9048		

关于信息技术的教学价值，城乡中小学教师在价值判断上没有显著差异，但是在价值态度上存在显著差异，在价值行为上也存在显著差异，结果显示城市高于农村。城乡学生在教学价值判断呈现显著差异，在态度和行为方面呈现的差异更为显著，结果显示城市高于农村。农村家长比城市家长更认可信息技术的教学价值，但是价值行为发生地频率却低于城市家长。

二、性别对信息技术价值观的影响

（一）元结构维度的性别差异

表 4.11 元结构维度的性别差异

项目		中小学教师			高校教师			学生			家长		
		M	T	P	M	T	P	M	T	P	M	T	P
判断	男	4.0687	1.848	0.065	3.9265	0.062	0.951	3.9578	1.262	0.207	3.9535	0.525	0.600
	女	3.9842			3.9222			3.9074			3.1152		
态度	男	4.1688	0.251	0.802	4.0550	−0.075	0.940	4.2011	−1.251	0.212	3.7338	1.178	0.240
	女	4.1564			4.0600			4.2518			3.6247		
行为	男	3.7567	2.064*	0.040	3.4932	0.207	0.836	3.5274	−0.226	0.821	3.0243	−0.393	0.695
	女	3.6274			3.4800			3.5379			3.0651		

结果显示不同性别的高校教师、学生和家长在价值判断、价值态度和价值行为上都不存在显著差异。只有中小学教师在价值行为上呈现显著差异，结果显示男教师高于女教师，但在价值判断和价值态度上没有显著差异。家长在价值判断、价值态度和价值行为上不存在男女之间的显著差异。

（二）内容维度性别差异

表 4.12　内容维度的性别差异

项　目		中小学教师		高校教师		学生		家长	
		T	P	T	P	T	P	T	P
经济价值	判断	0.446	0.656	0.555	0.602	0.612	0.541	1.743	0.083
	态度	0.575	0.566	−1.491	0.137	0.102	0.919	1.175	0.242
	行为	1.918	0.056	−3.680	0.719	1.815	0.070	0.062	0.950
管理价值	判断	2.861*	0.004	0.060	0.994	−0.079	0.937		
	态度	0.537	0.592	1.176	0.240	−1.905	0.057	0.876	0.382
	行为	1.137	0.256	0.008	0.952	0.204	0.838	1.171	0.243
娱乐价值	判断	−.986	0.325	0.243	0.808	−0.596	0.552	1.616	0.107
	态度	−0.542	0.588	1.291	0.198	1.109	0.268	1.558	0.121
	行为	1.684	0.093	−0.525	0.600	0.340	0.734	−1.141	0.888
发展价值	判断	1.696	0.091	0.582	0.774	1.768	0.078	−0.636	0.525
	态度	0.358	0.720	−0.706	0.481	−1.224	0.221	0.739	0.461
	行为	1.983	0.051	−0.277	0.561	−1.231	0.219	−0.206	0.837
教学价值	判断	1.382	0.168	0.128	0.227	0.679	0.498	0.8746	0.383
	态度	−0.276	0.783	−1.210	1.00	−1.411	0.159	0.540	0.590
	行为	0.879	0.380	0.000	0.898	−0.754	0.451	−1.369	0.173

从表 4.12 的数据可以看出，不同性别的教师、家长、学生在信息技术的经济价值、娱乐价值、发展价值、教学价值的价值判断、价值态度和价值行为都不呈现显著差异，即关于信息技术的这些价值的价值判断和价值态度、价值行为，不同主体对此认识较为一致，不存在性别的差异，即他们都认同而且支持信息技术所产生的效应，并且采取了相应的行为。

在信息技术的管理价值上，高校教师、学生和家长也不存在性别的差异。唯一有差异是不同性别的中小学教师在管理价值的价值判断上呈现显著差异，t 值为 2.861*，结果显示男教师高于女教师，但在价值态度和价值行为上没有显著差异。

由此可以看出，性别对信息技术价值观的影响不大。

第三节　不同特征变量对信息技术价值观的影响

对于各类调查主体，除了性别和城乡以外，我们分别设置了不同变量，见表 4.13 所示，本节内容将重点分析各种不同特征变量对信息技术价值观的影响。

表 4.13　各类量表中的不同变量

类别	变量					
中小学教师	年龄段	<30 岁	31－40 岁	>40 岁		
	学历	中专及以下	大专	本科及以上		
	学校类型	小学	初中	高中		
高校教师	年龄段	<30 岁	31－40 岁	>40 岁		
	学历	本科及以下	硕士及以上			
	文理科	文科	理科			
	职称	初级	中级	高级		
	学校类型	省属	市属	高职		
学生	文理科	文科	理科			
	学历层次	初中	高中	大学		
家长	年龄段	30 岁以下	31～40 岁	41～50 岁	51 岁以上	
	学历	初中及以下	高中	中专	大专	本科及以上
	收入状况	1 万以下	1～3 万	3～5 万	3～5 万	3～5 万

一、中小学教师

（一）不同年龄的中小学教师信息技术价值观

1. 元结构维度

在变异数同质性检验中，价值判断、态度和行为选择三个元结构维度上 P 值均大于 0.05，满足方差检验的基本条件。不同年龄的中小学教师信息技术价值观情况见表 4.14。

表 4.14　不同年龄段的中小学教师与信息技术价值观的关系

元结构维度	年龄（岁）	M	F	P
价值判断	<=30	3.9915	0.960	0.384
	31－40	4.0570		
	>40	4.0454		
	Total	4.0273		
价值态度	<=30	4.1073	2.023	0.134
	31－40	4.2053		
	>40	4.2112		
	Total	4.1627		
价值行为	<=30	3.6563	1.684	0.187
	31－40	3.7483		
	>40	3.5703		
	Total	3.6933		

从表中数据可以看出，不同年龄的中小学教师对信息技术的价值判断、价值态度和价值行为的均值虽然存在一些差异，但其 P 值分别为 0.384、0.134 和 0.187，均大于 0.05，

未达显著标准。说明三个年龄段的教师群体在价值判断、价值态度、价值行为上没有显著差异，即不同年龄的中小学教师在元结构维度上没有显著差异。

2. 内容维度

表 4.15　不同年龄中小学教师信息技术价值观在内容维度的方差分析之 p 值

元结构维度 / 内容维度	价值判断	价值态度	价值行为
经济价值	0.992	0.043	0.500
管理价值	0.030	0.062	0.078
娱乐价值	0.913	0.7833	0.764
发展价值	0.210	0.236	0.209
教学价值	0.992	0.053	0.400

根据同样的方法可以分别得出不同年龄段在信息技术价值观内容维度上的差异，表 4.15的数据结果显示：不同年龄的中小学教师在信息技术的经济价值、娱乐价值、发展价值、教学价值的价值判断、价值态度、价值行为的 P 值都大于 0.05，未达显著，说明不呈现显著差异。关于信息技术的管理价值，三个年龄段教师的价值判断 P 值为 0.030，达显著。价值态度和价值行为 P 值分别为 0.062 和 0.078，均大于 0.05，未达显著。

采用 Scheffe 法，经过 Post Hoc Tests（事后比较检验）得知：对于达显著的价值判断来说，只有 40 岁以上的教师和 30 岁以下的教师存在显著差异，差异系数为 0.76974*，说明 40 岁以上的教师价值判断高于 30 岁以下的教师。其他没有显著差异。

从以上结论来看，中小学教师的信息技术价值观与年龄关系不大，这也与我们前面所论述的信息技术价值观的特点相吻合。信息技术价值观是观念层次的东西，呈现出较为稳定的特点，是教师在对信息技术的认知基础上，在信息技术实现的实践中所形成的关于信息技术价值的稳定性的认识。

（二）不同学历的中小学教师的信息技术价值观

1. 元结构维度

在变异数同质性检验中，价值判断、态度和行为选择三个元结构维度上 P 值均大于 0.05，满足方差检验的基本条件。

表 4.16　不同学历中小学教师的与信息技术价值观的关系

元结构维度	学历	M	F	P
价值判断	中专及以下	3.9373	2.707	0.068
	中专	3.9704		
	本科及以上	4.0722		
	Total	4.0273		

续表

元结构维度	学历	M	F	P
价值态度	中专及以下	4.0179	3.357*	0.036
	中专	4.1050		
	本科及以上	4.2139		
	Total	4.1627		
价值行为	中专及以下	3.2730	6.258*	0.002
	中专	3.6839		
	本科及以上	3.7425		
	Total	3.6933		

从表4.16中数据可以看出，不同学历的中小学教师在信息技术价值态度和价值行为上的P值分别为0.036和0.002，都小于0.05，达显著。而价值判断的P值0.068，大于0.05，未达显著。

采用Scheffe法，经过Post Hoc Tests（事后比较检验）得知：对于价值行为来说，中专及以下学历与大专学历教师的差异系数−6.16257*，说明大专学历教师的行为明显高于中专及以下学历教师的行为。本科学历与中专及以下学历教师的行为差异系数7.04202*，说明本科学历教师的行为明显高于中专及以下学历教师的行为。但对于价值态度来说，经过事后检验，发现不同学历的中小学教师没有显著差异。

从以上结论来看，不同学历的中小学教师信息技术价值观在元结构上，只有价值行为存在显著差异。

2. 内容维度

表4.17　不同学历对于信息技术价值观在内容维度的方差分析之P值

内容维度＼元结构维度	价值判断	价值态度	价值行为
经济价值	0.024*	0.003*	0.002*
管理价值	0.058	0.214	0.267
娱乐价值	0.683	0.183	0.001*
发展价值	0.091	0.102	0.005*
教学价值	0.778	0.004*	0.334

从表4.17中的数据可以看出，不同学历的中小学教师在信息技术价值观内容维度上有所差异，其中只有管理价值的价值判断、价值态度和价值行为的P值都大于0.05，不存在显著差异。

不同学历的中小学教师在信息技术经济价值这个内容维度差异最为显著，其价值判断、价值态度和价值行为P值分别为0.024，0.003，0.002，均小于0.05，都呈现显著差异。经过事后比较检验，不同学历的教师在经济价值判断上并没有显示出显著差异，经济价值态度和行为呈现显著差异，结果显示本科及以上学历的教师和大专学历的教师在经济价值态度上存在显著差异，其差异系数为 1.17017*，说明本科及以上教师的态度高于大专学历教师。中专及以下学历的教师和本科及以上、大专学历的教师在经济价值行为上存在显著差异，其差异系数分别为－0.91220* 和－1.17017*，说明本科及以上教师和大专学历的教师在此行为上明显高于中专及以下学历的教师。

在娱乐价值和发展价值这两个内容维度上，都是价值行为呈现显著差异，其中娱乐价值行为的 P 值为 0.001，发展价值行为的 P 值为 0.005。经过事后比较检验，本科及以上学历的教师与大专、中专及以下教师在娱乐价值行为上存在显著差异，差异系数分别是 0.76961* 和 0.30086*，说明本科及以上学历的教师在此行为上明显高于大专、中专及以下教师。中专及以下学历的教师与大专、本科及以上学历的教师在发展价值行为上存在显著差异，差异系数分别为－3.49591* 和－3.72339*，说明中专及以下学历教师在此行为上明显低于后两组。

关于信息技术的教学价值，不同学历教师的价值判断、价值行为 P 值分别为 0.778、0.334，大于 0.05，未达显著。价值态度 P 值为 0.004，小于 0.05，达到显著。对达到显著的价值态度来说，结果显示只有本科及以上学历的教师和大专学历的教师存在显著差异，差异系数为 0.47105*，说明在此态度上，本科及以上学历的教师高于大专学历的教师。

从以上结论来看，不同学历的教师信息技术价值观在内容维度上有所差异，其中本科及以上学历教师的信息技术价值观总体上要乐观于其他学历较低的教师。

（三）不同学校类型的教师信息技术价值观

1. 元结构维度

在变异数同质性检验中，价值判断、价值态度和价值行为选择三个元结构维度上 P 值均大于 0.05，满足方差检验的基本条件。

表 4.18　不同学校类型的教师与信息技术价值观的关系

元结构维度	学校类型	M	F	P
价值判断	小学	3.9517	3.103*	0.046
	中学	4.0791		
	高中	4.0361		
	Total	4.0273		
价值态度	小学	4.1260	0.589	0.555
	初中	4.1837		
	高中	4.1772		
	Total	4.1627	2.699	0.069
价值行为	小学	3.6529		
	初中	3.6622		
	高中	3.8428		
	Total	3.6933		

从结果分析来看，不同学校类型的教师在信息技术价值态度和价值行为上的p值分别为0.555和0.069，都大于0.05，未达显著。而价值判断的P值0.046，小于0.05，达显著。

对于达显著的价值判断来说，只有小学教师与初中教师的差异系数-2.42039*，说明初中教师对于信息技术的价值判断高于小学教师。

2. 内容维度

表4.19　不同学校类型的教师对于信息技术价值观在内容维度的方差分析之P值

元结构维度 / 内容维度	价值判断	价值态度	价值行为
经济价值	0.399	0.047*	0.002*
管理价值	0.012*	0.586	0.238
娱乐价值	0.203	0.267	0.005*
发展价值	0.007*	0.480	0.195
教学价值	0.672	0.121	0.512

从表4.19中数据可以看出，不同学校类型的教师在信息技术价值观内容维度上有所差异，其中只有教学价值的价值判断、价值态度和价值行为的P值都大于0.05，不存在显著差异。

其他几个内容维度的差异有所不同，关于信息技术的经济价值，其价值态度和价值行为的p值分别为0.047和0.002，小于0.05，说明呈现显著差异。经过事后检验，以0.05为显著水准，小学、初中、高中学校教师的价值态度并不存在显著差异。对达到显著的价值行为来说，高中教师和小学教师、初中教师存在显著差异，其差异系数分别为0.75441*和0.69380*，说明高中教师的行为明显高于小学和初中教师。

不同类型学校教师的管理价值呈现显著差异的是价值判断，P值0.012，小于0.05。对于达到显著的价值判断来说，初中教师与小学教师的差异系数为0.46667*，说明初中教师的判断明显高于小学教师的判断。

关于信息技术的娱乐价值，不同类型学校教师呈现显著差异的是价值行为，P值为0.005。对于达到显著的价值行为来说，高中教师与小学教师、初中教师差异显著，其差异系数分别为0.53879*和0.39720*，说明高中教师在此行为上明显高于小学和初中教师。

关于信息技术的发展价值，不同类型学校教师的价值判断P值为0.007，小于0.05，达到显著。价值态度、价值行为P值分别为0.480，0.195，都大于0.05，未达显著。对于达到显著的价值判断来说，初中教师与小学教师存在显著差异，差异系数1.80661*，说明初中教师在此判断上明显高于小学教师。

从以上结论来看，学校类型对教师信息技术价值观有所影响，高中教师的信息技术价值观总体上要乐观于初中和小学教师。

二、高校教师

（一）不同年龄高校教师信息技术价值观

1. 元结构维度

由于年龄分布包括三个不同样本，因此这里采用方差分析法进行显著性差异分析，在变异数同质性检验中，在价值判断、态度和行为选择三个元结构维度上P值分别为00. 728、0. 840和0. 053，均大于0. 05，满足方差检验的基本条件，方差检验结果见4. 20所示。

表4. 20　不同年龄高校教师信息技术价值观情况

项　目	年龄（岁）	M	F	P
价值判断	<=30	3. 9759	1. 844	0. 160
	31－40	3. 8549		
	>40	4. 0069		
	Total	3. 9238		
价值态度	<=30	4. 0133	2. 000	0. 137
	31－40	4. 0022		
	>40	4. 0012		
	Total	4. 0582		
价值行为	<=30	3. 9535	4. 747*	0. 009
	31－40	3. 7409		
	>40	3. 7697		
	Total	3. 8332		

从表中数据可以看出，30岁以下的教师的信息技术价值观元结构各项得分略高于其他年龄段的教师，总体情况相差不大。但从方差检验结果来看，不同年龄段的高校教师在信息技术价值判断和价值态度上的相关概率，即p值分别为0. 160和0. 137，均大于0. 05，未达显著，而价值行为的P值为0. 009<0. 05，达显著，这表明不同年龄段的高校教师在价值判断和价值态度上不存在显著差异，而在价值行为上则可能存在显著差异。接下来利用Scheffe法，经过Post Hoc Tests（事后比较检验）结果表明，对于达到显著的价值行为来说，30岁以下高校教师与31～40在价值行为上的差异较为显著，差异系数为4. 25067*，这表明30岁以下高校教师应用信息技术的行为明显高于31～40岁以上的高校教师。

2. 内容维度

采用同样的方法分析不同年龄的高校教师在各内容维度上的差异，在变异数同质性检验中，除管理价值行为项外（见表4. 21），其他均满足方差检验的基本条件，对满足方差检验条件的价值项进行单因素方差分析结果表明，不同年龄的教师在娱乐、发展、教学价值行为的P值分别为0. 003、0. 006、0. 018均小于0. 05，可能存在差异，其他价值项均大于0. 05，未达显著。

表 4.21　不同年龄高校教师信息技术价值观在各内容维度上的差异显著性比较

内容维度	元结构维度	异数同质性检验的P值	F	P
经济价值	价值判断	0.757	1.465	0.233
	价值态度	0.594	0.291	0.748
	价值行为	0.120	2.497	0.084
管理价值	价值判断	0.505	0.747	0.475
	价值态度	0.481	0.810	0.446
	价值行为	0.003		
娱乐价值	价值判断	00.276	0.996	0.371
	价值态度	0.594	2.247	0.108
	价值行为	0.071	5.941*	0.003
发展价值	价值判断	0.842	1.700	0.185
	价值态度	0.922	2.409	0.092
	价值行为	0.089	5.231*	0.006
教学价值	价值判断	0.249	2.055	0.130
	价值态度	0.378	1.302	0.274
	价值行为	0.060	4.064*	0.018

对于达到显著的价值项利用 Scheffe 法进行 Post Hoc Tests（事后比较检验），结果表明，30 岁以下和 31～40 岁高校教师在娱乐、发展、教学价值行为方面差异较为显著，差异系数分别为 0.365*、2.37145*、1.62787*，而且 30 岁以下教师和 41 岁以上的高校教师在娱乐价值行为方面差异也较为显著，差异系数为 0.459*。

另外对于不同年龄教师在管理行为的差异分析，采用独立样本 T 检验进行两两比较，检验结果表明（见表 4.22），P 值均大于 0.05，这表明不同年龄教师在信息技术管理行为方面差异不显著。

表 4.22　不同年龄高校教师在信息技术管理行为方面差异 P 值

不同年龄		T	P
<=30	31－40	1.528	0.128
<=30	>40	1.789	0.076
31－40	>40	0.650	0.518

由此可以得出，不同年龄的高校教师只有在娱乐、发展、教学价值行为方面差异较为显著，具体来说，30 岁以下高校教师利用信息技术娱乐的行为明显高于 31 岁以上教师，而且在利用信息技术教学和促进自己、学生发展的行为方面也高于 31～40 岁教师。

（二）不同学历高校教师信息技术价值观

1. *元结构维度*

由于将高校教师的学历分为两类不同群体，因此采用了 T 检验，对不同学历教师在信息技术价值观元结构维度上的差异进行比较，检验结果见表4.23所示。从均值来看，本科及以下学历教师的价值判断、态度、行为得分略高，但T检验P值均大于0.05，则说明差异不显著，这表明不同学历的高校教师在价值判断、价值态度和价值行为上都没有显著差异。

表4.23　不同学历高校教师信息技术价值观在元结构维度情况

元结构维度	高校教师学历	M	T	P
价值判断	本科及以下	3.9541	0.906	0.364
	硕士及以上	3.8928		
价值态度	本科及以下	4.0755	0.546	0.586
	硕士及以上	4.0404		
价值行为	本科及以下	3.8691	1.702	0.285
	硕士及以上	3.7967		

2. 内容维度

用同样的方法进一步分析不同学历高校教师信息技术价值观在各内容维度上的差异，结果（见表4.24）表明不同学历高校教师在内容维度上的各价值项差异显著性P值均大于0.05，这表明不同学历的教师对信息技术的经济、管理、娱乐、发展、教学价值的判断较为一致，而且行为也较为一致。

表4.24　不同学历高校教师信息技术价值观内容维度T检验之P值

元结构维度 / 内容维度	价值判断	价值态度	价值行为
经济价值	0.498	0.595	0.950
管理价值	0.054	0.401	0.177
娱乐价值	0.338	0.141	0.054
发展价值	0.200	0.151	0.175
教学价值	0.733	0.996	0.538

（三）不同职称高校教师信息技术价值观分析

1. 元结构维度

由于职称分布包括三个不同样本，因此这里采用方差分析法进行显著性差异分析，在变异数同质性检验中，价值判断、态度和行为选择三个元结构维度上的P值分别为0.477、0.260和0.3323，均大于0.05，满足方差检验的基本条件。经过ANOVA分析之后，方差检验结果（见表4.25）表明不同职称的高校教师在信息技术的价值判断、价值态度和价值行为上的相关概率，即p值分别为0.013、0.037和0.003，都小于0.05，达显著，这表明不同职称的高校教师在信息技术价值观的元结构维度上可能都存在显著差异。利用Scheffe法，经过Post Hoc Tests（事后比较检验），在价值判断、态度、行为方面初级职称教师与中级职称教师差异显著，差异系数分别为5.26882*、3.271*和5.0388*，初级职称教师比中级职称教师更认可信息技术，而且态度和行为也更积极。

表 4.25　不同职称高校教师信息技术价值观情况表

元结构维度	职称	M	F	P
价值判断	初级	4.0103	4.440	0.013
	中级	3.8077		
	高级	4.0056		
	total	3.9174		
价值态度	初级	4.1655	3.342	0.037
	中级	3.9837		
	高级	4.0131		
	total	4.0521		
价值行为	初级	3.9613	5.849	0.003
	中级	3.7094		
	高级	3.8773		
	total	3.8299		

2. 内容维度

采用上述同样的方法分析不同职称的高校教师在各内容维度上的差异，在变异数同质性检验中，除娱乐价值行为外（见表 4.26），其他均满足方差检验的基本条件，对满足方差检验条件的价值项进行单因素方差分析，结果表明，不同职称高校教师在发展价值、教学价值的态度、判断、行为及管理价值的判断、行为的 P 值分别为 0.008、0.047、0.003、0.039、0.044、0.015、0.036 和 0.005 均小于 0.05，可能存在差异，其他价值项均大于 0.05，未达显著。

表 4.26　不同职称高校教师在各内容维度上的差异比较

内容维度	元结构维度	异数同质性检验的 P 值	F	方差检验的显著值 p
经济价值	价值判断	0.960	2.043	0.132
	价值态度	0.526	1.096	0.336
	价值行为	0.746	2.618	0.075
管理价值	价值判断	0.796	3.364	0.036
	价值态度	0.257	0.970	0.380
	价值行为	0.190	5.355	0.005
娱乐价值	价值判断	0.148	2.166	0.117
	价值态度	0.680	3.486	0.032
	价值行为	0.005		
发展价值	价值判断	0.368	4.917	0.008
	价值态度	0.331	3.092	0.047
	价值行为	0.334	5.913	0.003

续表

内容维度	元结构维度	异数同质性检验的P值	F	方差检验的显著值p
教学价值	价值判断	0.975	3.282	0.039
	价值态度	0.623	3.166	0.044
	价值行为	0.164	4.286	0.015

对于达到显著的价值项利用Scheffe法，进行Post Hoc Tests（事后比较检验），结果表明，初级职称和中级职称教师在信息技术管理价值、发展价值的判断、行为方面差异较为显著，差异系数分别为0.4701*、0.619*、2.56412*、2.89038*，初级职称教师比中级职称教师更认可信息技术的管理价值与发展价值，而且行为多于中级职称教师；而在教学价值的态度和行为上，初级教师和中级教师差异也较为显著，差异系数分别为0.75610*和1.68476*，初级职称教师信息技术的教学价值态度和行为高于中级教师。

另外对于不同职称在娱乐价值行为的差异分析，采用独立样本T检验进行两两比较（见表4.27），结果表明，初级职称与中、高级职称教师在利用信息技术娱乐行为方面差异较为显著，初级职称教师利用信息技术娱乐的行为明显高于中高级职称教师。

表4.27 不同职称教师在娱乐行为的差异T检验结果

内容维度	元结构维度	职称类型		T	P
娱乐价值	价值行为	初级	中级	2.765	0.006
		初级	高级	2.169	0.033
		中级	高级	0.001	0.999

（四）文理科高校教师信息技术价值观

1. *元结构维度*

由于将高校教师按学科分为文科、理科两类不同群体，因此采用T检验对文理科教师在信息技术价值观元结构维度上的差异进行比较，检验结果见表4.28所示。从均值来看，文科教师的价值判断、态度、行为得分略高，但T检验P值均大于0.05，则说明差异不显著，这表明不同学科的高校教师在价值判断、价值态度和价值行为上都没有显著差异。

表4.28 文理科高校教师信息技术价值观元结构维度情况

元结构维度	文理科	M	T	P
价值判断	理科	3.8965	−1.041	0.299
	文科	3.9706		
价值行为	理科	4.0215	−1.538	0.125
	文科	4.1254		
价值行为	理科	3.8191	−0.502	0.616
	文科	3.8548		

2. 内容维度

用同样的方法进一步分析不同学科教师在各内容维度上的差异，结果表明（见表4.29），不同学科高校教师在内容维度各价值项T检P值均大于0.05，差异不显著。这表明不同学科教师对信息技术经济、管理、娱乐、发展、教学价值看法较为一致，行为也较为一致。

表4.29 文理科高校教师信息技术价值观在各内容维度差异T检验P值

元结构维度 内容维度	价值判断	价值态度	价值行为
经济价值	0.214	0.909	0.888
管理价值	0.479	0.531	0.781
娱乐价值	0.052	0.648	0.654
发展价值	0.493	0.057	0.386
教学价值	0.255	0.071	0.611

（五）不同类型高校教师信息技术价值观

1. 元结构维度

由于学校类型分布包括三个不同样本，里采用方差分析法进行显著性差异分析，在变异数同质性检验中，在价值判断、态度和行为选择三个元结构维度上P值分别为0.939、0.780和0.655，均大于0.05，满足方差检验的基本条件，方差检验结果见表4.30所示。从表中均值的数据来看，高职院校教师各价值项得分略高，但总体相差不大。从方差分析的P值来看，不同类型的学校在价值判断上的P值为$0.019<0.05$，这表明不同类型的高校教师价值判断可能存在差异。利用Scheffe法，经过Post Hoc Tests（事后比较检验），结果表明，对于达到显著的价值判断来说，市属高校和省属、高职院校的差异不显著，但省属高校和高职院校的教师在价值判断上差异系数为-5.19266^*，差异较为显著，省属高校教师在信息技术价值判断上低于高职院校。

表4.30 不同学校类型教师价值观元结构维度的差异比较

元结构维度	类型	M	F	P
价值判断	省属	3.8335	4.021	0.019
	市属	3.8535		
	高职	4.0332		
	Total	3.9238		
价值态度	省属	3.9863	2.219	0.111
	市属	4.0190		
	高职	4.1349		
	Total	4.0582		

续表

元结构维度	类型	M	F	P
价值行为	省属	3.7282	2.930	0.055
	市属	3.8192		
	高职	3.9184		
	Total	3.8333		

2. 内容维度

采用上述同样的方法分析不同职称的高校教师在各内容维度上的差异，在变异数同质性检验中，除娱乐价值行为、管理价值行为外（见表4.31），其他均满足方差检验的基本条件，对满足方差检验条件的价值项进行单因素方差分析，表4.30数据表明，不同类型的高校教师在管理价值判断、发展价值和判断态度的P值分别为0.030、0.005和0.011均小于0.05，可能存在差异，其他价值项均大于0.05，未达显著。

表4.31　不同学校高校教师在各内容维度上的差异比较

内容维度	元结构维度	异数同质性检验的P值	F	方差检验的显著值P
经济价值	价值判断	0.148	2.166	0.117
	价值态度	0.528	0.199	0.819
	价值行为	0.836	1.354	0.260
管理价值	价值判断	0.877	3.547	0.030
	价值态度	0.260	0.914	0.914
	价值行为	0.013		
娱乐价值	价值判断	0.234	0.627	0.535
	价值态度	0.175	3.702	0.026
	价值行为	0.000		
发展价值	价值判断	0.806	5.458	0.005
	价值态度	0.765	4.571	0.011
	价值行为	0.816	2.684	0.070
教学价值	价值判断	0.927	2.405	0.092
	价值态度	0.791	1.333	0.266
	价值行为	0.824	1.676	0.189

对于达到显著的价值项利用Scheffe法，进行Post Hoc Tests（事后比较检验），结果表明，不同类型学校的高校教师在发展价值判断和态度上，差异较为显著。具体来说，高职院校和省属院校、市属院教师在发展价值判断方面差异较为显著，差异系数分别为2.51845* 和2.60403*，高职院校教师发展价值判断高于省属和市属院校，而且高职院校和省属院校在发展价值发展态度上也存在较大差异，差异系数为2.10367*，高职院校教师的信息技术发展价值态度高于省属院校。

而对于管理价值行为和娱乐价值行为采用T检验两两比较，表4.32的数据表明，在利用信息技术管理行为方面，高职院校教师与省属院校教师差异较为显著，高职教师的行为高于省属院校教师；而在利用信息技术的娱乐的行为方面，高职院校、市属院校的教师与省属院校教师的差异均较为显著，高职和市属院校的教师的信息技术娱乐行为高于省属院校教师。

表 4.32　不同类型高校教师利用信息技术管理、娱乐行为的差异 T 检验结果

内容维度	元结构维度	学校类型		T	P
管理价值	价值行为	省属	市属	−1.029	0.305
		省属	高职	−2.672	0.008
		市属	高职	−1.593	0.113
娱乐价值	价值行为	省属	市属	−2.907	0.004
		省属	高职	−3.802	0.000
		市属	高职	−0.761	0.448

三、学生

（一）文理科学生信息技术价值观

1. 元结构维度

利用独立样本的 T 检验法，分析文理科倾向的不同对学生信息技术价值观元结构维度上的影响，结果如表 4.33 所示：

表 4.33　文理科学生信息技术价值元结构情况

元结构维度	类型	M	T	P
价值判断	文科	3.9240	−0.340	0.734
	理科	3.9379		
价值态度	文科	4.2423	0.617	0.538
	理科	4.2167		
价值行为	文科	3.3123	0.464	0.643
	理科	3.3330		

从结果分析来看，文理科的学生在信息技术价值判断、价值态度和价值行为上的 P 值分别为 0.734、0.538、0.643，均大于 0.05，未达到显著水平，可见文理科的学生在信息技术价值观的元结构上较为一致。

2. 内容维度

表 4.34　文理科学生在信息技术价值观内容维度上的方差分析之 P 值

元结构维度 / 内容维度	价值判断	价值态度	价值行为
经济价值	0.646	0.790	0.058
管理价值	0.319	0.733	0.121

续表

内容维度 \ 元结构维度	价值判断	价值态度	价值行为
娱乐价值	0.828	0.159	0.154
发展价值	0.563	0.224	0.130
教学价值	0.548	0.881	0.746

从分析结果来看，文理科的学生在信息技术价值的所有内容维度上的P值均大于0.05，未达到显著水平，可见文理科不同的学生对信息技术的经济价值、管理价值、娱乐价值、发展价值和教学价值认识比较一致，在行为上也无显著差异。

由以上结论来看，文理科的学生在信息技术价值观上不存在差异。

（二）不同学历层次学生的信息技术价值观

1. 元结构维度

在样本中，学历层次共分为三种，由于部分内容维度上的总体方差不等，所以采用两两比较的方式进行T检验。

初中、高中及大学学生在元结构维度上的比较分析结果如表4.35：

表4.35　不同学历层次学生的信息技术价值元结构情况

元结构维度			M	T	P
价值判断	初中	初中	3.9233		
		高中	3.9523	−0.539	0.590
		大学	3.9204	0.060	0.952
	高中	大学		0.672	0.502
价值态度	初中	初中	4.1286		
		高中	4.2876	−3.040	0.003
		大学	4.2362	−2.277	0.023
	高中	大学		1.073	0.284
价值行为	初中	初中	3.3222		
		高中	3.2813	0.668	0.504
		大学	3.3671	−0.895	0.372
	高中	大学		−1.672	0.095

从均数比较来看，高中学生的在信息技术价值判断、态度上得分最高，行为上却得分最低。数据表明高中对信息技术价值认同度较高，尽管学生愿意使用信息技术来学习，但由于高中阶段学业比较紧张，学生没有多余的时间使用信息技术，使用信息技术的机会也比较少，行为也就随之而降低。

从T检验结果反映出，初中学生和高中学生，初中学生和大学生之间在信息技术价值观态度方面差异显著，价值判断和行为差异不显著。高中生和大学生在元结构维度上没有表现出明显的差异。数据表明高中学生和大学生对待信息技术的态度比较积极乐观。

2. *内容维度差异*

由于部分内容维度上的总体方差不等，所以还是采用两两比较的方式进行 T 检验。

（1）初中生和高中生的比较

初中生和高中生信息技术价值观在内容维度上的比较分析结果如表 4.36（a）所示：

表 4.36（a） **初中生和高中生在信息技术价值观内容维度上的方差分析之 P 值**

内容维度＼元结构维度	价值判断	价值态度	价值行为
经济价值	0.365	0.000	0.091
管理价值	0.007	0.222	0.322
娱乐价值	0.000	0.000	0.003
发展价值	0.768	0.111	0.154
教学价值	0.967	0.154	0.039

通过数据可以看出初中生和高中生在信息技术娱乐价值的价值判断、价值态度和价值行为都存在显著差异，高中生得分普遍高于初中生；初中生和高中生在经济价值态度上存在显著差异，高中生得分高于初中；初中生和高中生教学价值行为上存在显著差异，高中生高于初中；初中生和高中生在管理价值判断上存在显著差异，高中生得分高于初中。

这说明高中生和初中生的信息技术价值观存在不同程度的内容维度的差异，高中生得分高于初中生。

（2）初中生和大学生的比较

初中生和大学生信息技术价值观在内容维度上的比较结果如表 4.36（b）所示：

表 4.36（b） **初中生和大学生在信息技术价值观内容维度上的方差分析之 P 值**

内容维度＼元结构维度	价值判断	价值态度	价值行为
经济价值	0.813	0.000	0.000
管理价值	0.000	0.039	0.001
娱乐价值	0.520	0.000	0.000
发展价值	0.892	0.695	0.002
教学价值	0.261	0.850	0.338

数据表明，初中生和大学生在管理价值判断上存在显著差异，大学生高于初中；初中生和高中生在经济价值态度和娱乐价值态度方面存在显著差异，大学生高于初中；初中生和高中生在经济价值、管理价值、娱乐行为和发展行为方面均存在非常显著差异，大学生高于初中生。

可见，初中生和大学生的信息技术价值观存在不同程度的内容维度的差异，大学生得分高于初中生。

（3）高中生和大学生的比较

高中生和大学生信息技术价值观在内容维度上的比较结果如表 4.36（c）所示：

表 4.36（c）　高中生和大学生在信息技术价值观内容维度上的方差分析之 p 值

内容维度 \ 元结构维度	价值判断	价值态度	价值行为
经济价值	0.421	0.225	0.019
管理价值	0.120	0.470	0.000
娱乐价值	0.000	0.212	0.046
发展价值	0.650	0.160	0.065
教学价值	0.291	0.066	0.116

从 T 检验结果反映出高中生和大学生在娱乐价值判断存在非常显著差异，从均值来看高中生高于大学生；大学生和高中生在价值态度方面不存在显著差异；大学生和高中生在经济价值、管理价值、娱乐行为方面存在显著差异，大学生高于高中生。

可见，高中生和大学生的信息技术价值观存在不同程度的内容维度的差异，大学生得分高于高中生。

通过以上的两两比较分析，可以看出，不同学历层次的学生信息技术价值观在元结构维度和内容维度上都存在不同程度的差异，其中学历层次越高的学生得分越高。

四、家长

（一）不同学历的家长信息技术价值观

1. 元结构维度

由于家长学历分布包括五个不同样本，因此这里采用方差分析法进行显著性差异分析，结果表明，在变异数同质性检验中，在价值判断、态度和行为选择三个元结构维度上 P 值分别为 0.153、0.488 和 0.201，均大于 0.05，满足方差检验的基本条件。

表 4.37　不同学历的家长与信息技术价值观的关系

元结构维度	学历	M	F	P
价值判断	初中及以下	3.1600	1.388	0.240
	高中	3.2118		
	中专	3.0005		
	大专	3.0205		
	本科及以上	3.1940		
	Total	3.1314		
价值态度	初中及以下	3.6717	1.367	0.274
	高中	3.7479		
	中专	3.4758		
	大专	3.5995		
	本科及以上	3.7885		
	Total	3.6761		

续表

元结构维度	学历	M	F	P
价值行为	初中及以下	2.9424	3.007*	0.019
	高中	2.8652		
	中专	2.8524		
	大专	3.2317		
	本科及以上	3.2363		
	Total	3.0423		

方差检验结果表明不同学历的家长在信息技术价值判断和价值态度上的相伴概率既P值分别为0.240和0.0247，都大于0.05，未达显著。而价值行为的P值为0.019，小于0.05，达显著，这表明不同学历的家长在价值判断和价值态度上不存在显著差异，而在价值行为上则可能存在显著差异。接下来利用Scheffe法，经过Post Hoc Tests（事后比较检验），结果表明，对于达到显著的价值行为来说，本科及以上学历的家长与初中及以下学历、高中学历、中专学历和大专学历家长的差异系数分别为4.11325、5.19406、5.37436和0.06445，这表明本科及以上学历的家长应用信息技术的行为明显高于初中以下学历、高中学历和中专学历的家长，而与大专学历的家长相差较少，其实就均值来看，大专和本科及以上学历家长的价值行为相差很少，且都高于平均水平，而初中以下、高中和中专学历的家长则低于平均水平。

2. 内容维度

利用同样的方法，进一步分析不同学历的家长在不同内容维度上的价值观差异。结果表明，在变异数同质性检验中，家长在经济价值的判断和价值行为和发展价值的行为不能满足单因素方差分析的条件，其他方面则满足相关条件，方差检验结果表明教学价值的价值判断、管理价值和娱乐价值的价值态度、经济价值、发展价值和教学价值的价值行为P值分别为0.002、0.019、0.016、0.009、0.037和0.000，都小于0.05，达到显著。接下来利用Scheffe法，进行Post Hoc Tests（事后比较检验）。结果表明，对于经济价值、管理价值、娱乐价值和发展价值在价值判断、价值态度和价值行为上均无显著性差异，而对于达到显著的教学价值的价值判断，大专学历的家长与高中学历和初中及以下学历家长差异系数分别为−3.51201* 和−3.22666*，这表明大专学历、高中学历和初中以下学历的家长对教学价值的价值判断上存在显著差异，且大专学历的家长比高中学历和初中以下学历的家长更不认可信息技术的教学价值。在教学价值的价值行为上，高中与大专和本科及以上的差异系数分别是−1.94103* 和−2.14685*，这表明，高中与大专和本科及以上家长的教学价值的价值行为上存在显著差异，且高中家长的价值行为低于大专和本科及以上家长的价值行为。

可见，有些低学历的家长在教学价值判断上高于高学历的家长，而在价值行为上却低于高学历的家长。而前面的分析表明，家长价值行为与价值态度和价值判断呈显著正相关。这进一步表明高的价值行为必然会有较高的价值判断和价值态度，但是，由于价值行为涉及到具体的实践，而实践是复杂性和动态性可能会阻碍一定价值行为的发生，因此较高的价值判断却不一定必然会产生相应的价值行为。尽管很多低学历的家长相当认可信息技术的教学价值，但是由于他们的工作性质、信息技术应用能力等很多方面的限制，大多数低学历家长难以产生相应的价值行为。因此，对于这些拥有合理的信息技术的价值判断和价值态度的家长，如何促进他们价值行为的发生，成为迫切需要解决的问题。

表 4.38 学历对于信息技术价值观在内容维度的方差分析之 P 值

元结构维度 / 内容维度	价值判断	价值态度	价值行为
经济价值	0.124	0.252	0.009
管理价值		0.019	0.167
娱乐价值	151	0.016	0.522
发展价值	0.190	0.558	0.037
教学价值	0.002	0.813	0.000

（二）不同年龄的家长信息技术价值观

1. 元结构维度

由于年龄分布包括四个不同样本，因此这里采用方差分析法进行显著性差异分析，结果表明，在变异数同质性检验中，在价值判断、态度和行为选择三个元结构维度上 P 值分别为 0.599、0.439 和 0.230，均大于 0.05，满足方差检验的基本条件。

表 4.39 不同年龄的家长与信息技术价值观的关系

元结构维度	年龄	M	F	P
价值判断	30 岁以下	3.0862	3.299	0.022
	31—40 岁	3.0110		
	41—50 岁	3.2035		
	51 岁以上	3.3707		
	Total	3.1314		
价值态度	30 岁以下	3.4895	5.270	0.002
	31—40 岁	3.4898		
	41—50 岁	3.8202		
	51 岁以上	3.9576		
	Total	3.6761		
价值行为	30 岁以下	3.2033	0.319	0.812
	31—40 岁	3.0134		
	41—50 岁	3.0573		
	51 岁以上	2.9667		
	Total	3.0424		

方差检验结果表明不同年龄的家长在信息技术价值判断和价值态度上的相伴概率既 P 值分别为 0.022 和 0.0020，都小于 0.05，达显著，而价值行为的 P 值为 0.812，大于

0.05，未达显著。这表明不同学历的家长在价值判断和价值态度上可能存在显著差异，而在价值行为上则不存在显著差异。接下来利用 Scheffe 法，经过 Post Hoc Tests（事后比较检验），结果表明，不同年龄家长的价值判断并没有表现出显著差异，而在价值态度上31～40 岁的家长与 41～50 岁家长的差异系数为－3.63448*，其他不同年龄的家长之间均无显著差异。由于家长量表所设计的问题主要是针对信息技术对于学生的价值，而 31～40 岁的家长，主要是小学生家长，甚至还有相当数量的幼儿家长，41～50 岁的家长大多数是中学生家长，甚至还有相当数量的大学生家长，不同年龄的学生对信息技术的操作技能、学习的自我控制力等方面都存在显著差异。学生之间的差异必然会影响到家长对信息技术的价值态度。这在访谈中表现的特别明显，正如一些家长所言，“孩子太小，使用计算机对他们的身体发育有影响”“孩子小，必须和同龄的小伙伴一起玩，网络无法提供这样的条件”。

2. 内容维度

按照同样的方法分析不同年龄家长在信息技术价值观各内容维度上的差异。在变异数同质性检验中，除教学价值与发展价值的价值态度和娱乐价值的价值判断外，其他均能满足方差检验的基本条件。对满足方差检验条件的价值项进行单因素方差分析，结果表明，不同年龄的家长对经济价值的价值判断、价值态度、娱乐价值的价值态度、发展价值和教学价值的价值判断上，相伴概率 P 值分别为 0.007、0.000、0.035、0.026 和 0.001，均小于 0.05，达到显著，其他价值项的 P 值均大于 0.05，未达显著。

表 4.40　不同年龄的家长在内容维度的方差分析之 P 值

内容维度	元结构维度	异数同质性检验的 P 值	方差检验的显著值 P
经济价值	价值判断	0.497	0.007
	价值态度	0.294	0.000
	价值行为	0.193	0.818
管理价值	价值态度	0.201	0.183
	价值行为	0.847	0.313
娱乐价值	价值判断	0.005	
	价值态度	0.937	0.035
	价值行为	0.118	0.230
发展价值	价值判断	0.198	0.026
	价值态度	0.024	
	价值行为	0.557	0.587
教学价值	价值判断	0.475	0.001
	价值态度	0.020	
	价值行为	0.339	0.153

对于达到显著的价值项接下来利用 Scheffe 法，进行 Post Hoc Tests（事后比较检验），结果表明，除经济价值和教学价值的价值判断以及发展价值的价值态度上表现出显

著差异，其他价值方面均未表现出显著差异。经济价值的价值判断，30岁以下的家长与41～50岁家长的差异系数为－1.45055*，与50岁以上之间的差异系数为－2.02564*，而31～40岁家长与41～50岁家长的差异系数为－0.94574*，与50岁以上之间的差异系数为－1.52083 *，这表明收入年轻家长对经济价值的判断低于年长家长对经济价值的判断；对于发展价值的价值态度30～41岁家长与41～50岁的家长的差异系数为－1.63091*，这表明30～41岁家长比41～50岁的家长更不愿意让自己的孩子利用信息技术发展自己；对于教学价值的判断30～41岁家长与41－50岁的家长的差异系数为－2.44457*，这表明30～41岁家长与41～50岁的相比，前者对信息技术教学价值的认可度更低。

表4.41　Post Hoc Tests（**事后比较检验**）**表现出的差异**

内容维度判断	年龄段	年龄段细分	差异系数
经济价值判断	30岁以下	41～50岁	－1.45055*
		50岁以上	－2.02564*
	31～40岁	41～50岁	－0.94574*
		50岁以上	－1.52083*
发展价值态度	31～40岁	41～50岁	－1.63091*
教学价值判断	31～40岁	41～50岁	－2.44457*

（三）不同收入状况的家长信息技术价值观

1. 元结构维度

收入分布包括五个不同样本，因此这里采用方差分析法进行显著性差异分析。结果表明，在变异数同质性检验中，在价值判断、态度和行为选择三个元结构维度上P值分别为0.842、0.232和0.733，均大于0.05，满足方差检验的基本条件。方差检验的结果表明不同收入的家长在信息技术价值判断、价值态度和价值行为上的相伴概率既P值分别为0.189、0.151和0.270，均大于0.05，未达显著。这说明不同收入的家长在价值判断、价值和价值行为上则不存在显著差异。

表4.42　收入状况对家长信息技术价值观元结构的影响

元结构维度	收入分布	人数	M	F	P
价值判断	1万以下	38	3.1863	1.458	0.189
	1－3万	87	3.0662		
	3－5万	38	3.0663		
	5－8万	14	3.3771		
	8万以上	20	3.2140		
	Total	197	3.1140		

续表

元结构维度	收入分布	人数	M	F	P
价值态度	1万以下	38	3.7201	1.356	0.151
	1—3万	87	3.7201		
	3—5万	38	3.5478		
	5—8万	13	4.0000		
	8万以上	20	3.8409		
	Total	196	3.6515		
价值行为	1万以下	38	2.8590	1.249	0.270
	1—3万	87	3.0813		
	3—5万	38	2.9981		
	5—8万	13	3.0550		
	8万以上	20	3.2964		
	Total	196	3.0008		

2. 内容维度

按照同样的方法分析不同收入家长在信息技术价值观各内容维度上的差异。在变异数同质性检验中，除管理价值的价值行为和娱乐价值的价值行为外，其他均能满足方差检验的基本条件。对满足方差检验条件的价值项进行单因素方差分析，结果表明，不同收入的家长在发展价值的价值判断和教学价值的价值判断、价值态度和价值行为上的相伴概率既p值分别为0.046、0.017、0.035和0.005，均小于0.05，达到显著，其他价值项的P值均大于0.05，未达显著。对于达到显著的价值项接下来利用Scheffe法，进行Post Hoc Tests（事后比较检验），结果表明，发展价值的价值判断以及教学价值的判断和态度并未表现出显著差异，而教学价值的价值行为在1万以下收入的家长与8万以上收入家长的差异系数为−3.0000*，这表明收入1万元以下的家长其价值行为显著低于收入8万元以上的家长，其他不同收入的家长之间均无显著差异。

可见，在内容维度上，不同收入家长的信息技术价值观之间的差异主要体现在教学价值的价值行为上，即低收入家长的价值行为显著低于高收入家长。

表4.43 收入状况对家长信息技术价值观内容维度的影响

内容维度	元结构维度	异数同质性检验的P值	方差检验的显著值P
经济价值	价值判断	0.371	0.175
	价值态度	0.088	0.801
	价值行为	0.193	0.352
管理价值	价值态度	0.499	0.359
	价值行为	0.014	

续表

内容维度	元结构维度	异数同质性检验的P值	方差检验的显著值P
娱乐价值	价值判断	0.000	
	价值态度	0.739	0.372
	价值行为	0.674	0.559
发展价值	价值判断	0.467	0.046
	价值态度	0.235	0.357
	价值行为	0.162	0.110
教学价值	价值判断	0.490	0.017
	价值态度	0.214	0.035
	价值行为	0.779	0.005

第四节　对信息技术价值观现状的总结与反思

本研究按照信息技术价值观的结构，从元结构维度和内容维度详细调查了教师、学生和家长的信息技术价值观现状，并分别对不同的特征变量对信息技术价值观的影响进行了深入分析；另一方面也通过访谈对各类主体信息技术价值观的不同表现进行了较为深入的研究。

数据分析和访谈结果表明，主体的信息技术价值观在元结构维度和内容维度都存在不科学的地方，鉴于各类主体工作、学习和生活环境的差异，导致不科学的信息技术价值观产生的原因又各自不同，下面将从元结构和内容结构两个维度深入分析教师、学生和家长的信息技术价值观不科学的具体表现及其产生的原因。

一、信息技术价值观在元结构维度上未能实现目的性与规律性的统一

科学的信息技术价值观特别强调目的性与规律性的统一，即主体要正确认识信息技术的价值，并能科学合理地运用信息技术产生积极的效应。对于各类主体来说，从元结构各维度来看，价值判断和价值态度的分数都高于价值行为，未能实现目的性与规律性的统一。具体表现在总体的不统一和具体价值项判断、态度和行为的不统一，而具体价值项的不统一又表现在不同的主体有所不同。

（一）总体的不统一及其原因分析

从表4.6的数据结果，可以清晰地看出几类不同的调查主体都存在这种总体的不统一。具体表现在：

1．中小学教师

从元结构维度来看，中小学教师在信息技术价值判断、价值态度上的得分分别为4.03分和4.17分，得分相对较高，但价值行为的得分为3.69分，明显低于价值判断和

价值态度的得分。这说明大部分中小学教师对信息技术价值的看法和态度都在“支持”和“愿意”的程度上，较为可观，但依然有相当多的教师没有与此相对应的行为，这也表明中小学教师的信息技术价值观在元结构上还没有达到统一。

价值行为明显偏低是中小学教师信息技术价值观突出存在的问题，针对此问题，我们进行了详细的访谈。访谈中发现，有部分教师没有科学地认识信息技术价值，对运用信息技术抱着无所谓甚至抵制的情绪，因此没有相应的行为。还有部分教师养成了自己的教学和学习方式，而这种习惯养成是天长日久的作用，其不同的观念也不是一天两天可以改变的。因此还有很多教师一直采用黑板加粉笔的授课方式，即使信息技术已经在教学中发挥了重要的作用，他们还是较为认同黑板粉笔的方式。另外一点是传统的考试制度使得众多教师具有根深蒂固的想法，认为只要考试出成绩，只要学生学习成绩好，就可以了，不必运用信息技术。也有很多教师反映，非常认同并且愿意运用信息技术，但是自身技能有限，运用信息技术耗费大量的时间还不能取得好的效果，因此不得不放弃使用。

由此可见造成中小学教师信息技术价值观元结构维度总体不统一的原因可以归纳为以下两个方面：一是部分教师对信息技术价值认识不科学，从而带来其判断的不科学，导致态度的质疑或抵制，造成了相应行为的减少。二是因为教师本身水平限制、外界条件限制等方面的原因导致了相应行为的减少。

2. 高校教师

从元结构维度来看，高校教师对信息技术价值态度的得分为 4.06 分，价值判断得分为 3.92 分，价值行为得分 3.80 分，其价值行为得分明显低于价值判断和价值态度，说明高校教师的信息技术价值观在元结构上还没有达到统一。

通过深入的访谈了解到，大多教师对信息技术持积极的态度，但是由于应用能力、条件等限制，信息技术行为方面相对较少。高校教师科研任务较重，教学的信息量很大，编制教学课件比较费时、费力，并且由于应用效果不理想、对信息技术不了解、信息技术教育应用也存在一些负面的影响等，也导致教师对信息技术价值的作用判断降低。

3. 学生

从元结构各维度来看，学生对信息技术价值态度得分的均数值最高（4.2266 分），判断其次（3.9325 分），价值行为最低，为 3.5328 分。对态度、判断和行为三者分别进行配对 T 检验，态度和判断之间存在显著差异（sig=0.000），判断和行为之间存在非常显著差异（sig=0.000）。数据表明学生的信息技术价值观在元结构维度上出现严重不一致性。从总体来看，学生对信息技术价值的判断和态度是好的，但在行为上还有一定的欠缺，学生的信息技术价值观在元结构上还没有达到统一。

4. 家长

在元结构维度上，家长对信息技术的价值判断、价值态度和价值行为的每题平均得分分别为 3.68 分、3.13 和 2.82，明显低于教师和学生的平均得分。这表明家长的价值态度和价值判断已经处于中等层次的范围，价值行为则处于中等以下，但是价值态度、价值判断和行为均显著低于其他两类主体。而访谈结果也表明很多家长对信息技术的某些价值还缺少科学的或者全面的认识，甚至还存在一些不合理的认识，同时，就家长而言，信息技术的很多价值尚未在实践中发生实际效用，因此，家长的信息技术价值观在元结构上还没有达到统一。

（二）具体价值内容上的不统一及其原因分析

由于各类调查主体普遍存在价值判断、价值态度和价值行为上的不统一，为了更清晰地分析出现这些不统一的原因，我们对内容维度上各个价值项的价值判断、价值态度和价值行为做了详细的分析。结果发现，如中小学教师对信息技术管理价值和教学价值的不统一较为突出，高校教师关于信息技术管理价值和发展价值的不统一较为突出，学生关于信息技术经济价值、管理价值、教学价值和娱乐价值的不统一较为突出，家长关于信息技术管理价值和娱乐价值的不统一较为突出。为了更好地发现这几类主体之间的联系，我们对相同的价值项不统一的情况做了统一分析。

1. 管理价值的不统一

随着信息技术的日益普及，其在管理方面体现出的价值越来越被人们发现和重视，但从调查结果来看，几类调查主体无一例外在这个价值项上存在明显的不统一。

（1）中小学教师

中小学对信息技术管理价值的判断和态度得分为 4.1587 分、4.2847 分，但相应的管理价值行为得分为 3.2727 分，差异较大。这表明，中小学教师对信息技术的管理价值有较高的认同和态度，但是相应的行为没有达成一致。

针对此问题，我们又进行了详细访谈，访谈中发现随着教育信息化的不断发展，出现了很多新型的管理方式，如教师博客、班级博客等，教师越来越认识到信息技术的管理价值，也愿意尝试运用信息技术去管理教学、班级等，因此调查中对信息技术管理价值的判断和态度出现了较高的分数。尽管中小学教师对信息技术在管理方面的价值热情推崇，态度上也跃跃欲试，但是由于中小学还是以升学为主，对学习成绩的过分追求耗费了教师大量的时间和精力，因此能够把信息技术的管理价值充分发挥和运用的教师就相对较少，造成了相应的价值行为减少。

还有部分教师，虽然热衷于新技术的运用，认同信息技术的管理价值，但是本身技术水平较低，或者坚持度不够，都造成了相应行为的减少。有很多教师反映，确实对信息技术在管理方面的巨大价值深有感受，但学校衡量教师的一个很重要的指标还是学习成绩，因此他们只能在心里向往一下，或者在网络上浏览一下比较典型的代表，真正涉及自身，很少有机会去实践信息技术的管理价值。

还有教师反映，他们认同信息技术的管理价值，也愿意尝试，并且也确实去实践了，但是本身技术水平有限，不能深入运用，只是停留在表面，看不到想象中的效果，久而久之，就失去了实践的动力。也有很多教师反映，判断和态度虽然一直拥有强大的动力去支撑他进行这方面的尝试，但这种坚持度有时候真的很困难，很多时候都是心有余而力不足。

（2）高校教师

高校教师和中小学教师的表现有所不同，他们对于信息技术管理价值的态度为 4.3128 分，判断为 4.0818，但是管理价值行为为 3.7951 分，并不是存在较大的不一致，但通过深入的访谈我们了解到高校教师在信息技术管理价值上还存在很多问题：

其一，问卷样本多为学科教师，他们能够教育信息化管理的优势，因而能够作出正确的判断，也表现出较高的积极性，但是高校管理工作一般有专门的人员，学科教师很少参与，因此，高校教师利用信息技术管理行为低于他们对信息技术管理价值的判断和态度。

其二，高校教师在利用信息技术进行知识管理时，由于时间、性格、知识产权保护、性格等原因，如“有的教师不习惯数字化的阅读方式，认为在计算机阅读不利用思考”、“有的教师考虑计算机的安全性，如果计算机硬盘算坏或者丢失资料全没有了”、“有的教师担心科研成果放在网上，容易不别人窃取，特别是在没发表之前”、“有些教师不愿意和别人分享自己的想法，认为网络博客几乎是思想的‘裸奔’，不能接受”、“有的教师建立博客但是没有坚持”，因此，还有 34％的教师很少或从不利用信息技术管理自己的教学、科研活动。

其三，由于学生受硬件条件的限制，在进行知识管理时大多使用网络空间（如个人主页、博客等），对某些学科知识（如数学、化学、物理）编辑较为困难，再加上部分教师仍然采取课“教师讲、学生听照本宣科”教学模式，没有认识到学生知识管理的重要性，因此，有 39.6％的教师很少或者从未鼓励学生利用信息技术进行知识管理。

（3）学生

学生在管理价值的判断上得分为 4.253 分 6，态度为 4.4108 分，行为为 3.8131 分。对三者进行配对 T 检验，态度和判断之间存在显著差异（sig＝0.028），判断和行为之间存在非常显著差异（sig＝0.000）。调查数据表明学生中超过 85％的学生认为使用信息技术更利于和他人共享知识，同时超过 90％的学生愿意使用信息技术共享知识，而实际使用信息技术共享知识的学生则刚超过了 60％，使用博客管理个人知识的人则只有 40％。超过 85％的学生支持学校的管理信息化，而经常使用学校管理信息化系统的学生则不到 50％。分别对管理行为的三个题项进行分析发现，所有的学生在知识共享方面和使用博客方面并无显著差异。知识共享得分较高，而使用博客的行为得分较低，仅为 3.13。访谈表明很多学生并不知道博客，或者是“我浏览过别人博客上写的文章，但我又不会写，不知道我还能用它干什么”。导致学生管理行为得分较低的另一个原因是学校的管理信息化。与大学相比较，目前我国中学的管理信息化程度较低，因此这一题项中学生的得分仅为 3.13，而大学生的得分是 4.19。

（4）家长

就管理价值而言，家长的价值态度平均得分为 3.9645，而价值行为的平均得分仅仅为 1.9823。进一步的数据分析显示，97％的家长支持学校的教育管理信息化，但是只有 38.7％的家长鼓励孩子建立自己的网络空间进行知识管理，而这些家长大多是受过高等教育学历较高的家长。

由于量表设计过程中管理价值的价值行为仅仅涉及到知识管理，为此，课题组针对管理价值也进行了专门的深入访谈。从访谈中可以看出，家长普遍希望学校进一步强化教育管理信息化，但是对于利用信息技术进行知识管理，很多家长尤其是一些低学历的家长根本还没有认识到信息技术具有这样的价值，甚至也不知道什么是知识管理，正如一些家长所言“俺没有什么知识，不需要管理”“孩子的知识自己去管理，我们帮不上忙”“计算机还能进行知识管理?”从这些家长反应中，我们可以确信，这些家长对信息技术的管理价值或知识管理还很陌生，根本无法产生相应的价值行为。因此，管理价值表现出的极端不统一，其实源于家长对信息技术和知识管理缺少全面的认识，即没有认识到信息技术在知识管理中的价值。

2. 娱乐价值的不统一

数据表明，尽管不同主体都表现出一定程度的不统一，但这个价值项的不统一较为突出的主体是学生和家长，尤其是家长，表现出极端的不统一。

数据分析的结果表明，家长对娱乐价值的价值判断和价值态度得分分别是 3.6010 和 3.0704，处于中等层次，而价值行为得分仅仅 0.9911。进一步的数据分析显示，只有 12.8%的家长支持孩子在课余时间玩计算机游戏，57.7%的家长反对孩子在课余时间玩计算机游戏，31.1%的家长会在课余时间和孩子一起听音乐、看电影，63.8%的家长会限制孩子上网或玩计算机游戏。在访谈中也表现出类似的结果，很多家长相当认可信息技术的娱乐价值，但是大多数家长尤其是中小学生家长不愿意也很少让孩子利用信息技术进行娱乐，甚至个别家长为此禁止孩子使用信息技术。

基于娱乐价值数据分析结果的极端不统一，课题组针对娱乐价值又专门进行了广泛深入的访谈，从访谈来看，家长在娱乐价值这一维度上的极端不统一有两方面的原因。

其一，娱乐价值行为主体的变化。无论是访谈还是价值观量表的设计，在谈到对信息技术娱乐价值的判断时，更多的是从家长本身出发，即在家长对信息技术是否具有娱乐价值进行判断时，是一种相对理性的判断，因此，大多数家长尤其是曾经利用信息技术进行娱乐的一些家长相当认可信息技术的娱乐价值。而当谈到娱乐价值的价值行为时，行为的主体就扩展到家长和孩子，很多家长由于担心影响孩子的学习，娱乐价值的行为便很少发生。

其二，家长对孩子的发展和娱乐价值的片面认识。在当前的形势下，大多数家长以孩子的学习为主，访谈中很多家长认为，孩子学习好了才能有好的发展，甚至很多家长根本意识不到娱乐对于孩子全面发展的重要性，还有一些家长把信息技术的娱乐价值等同于网络游戏，认为网络游戏的对孩子的身心危害太大，因此限制甚至会禁止孩子利用信息技术进行娱乐。

学生在娱乐价值的判断上得分为 4.3752 分，态度是 4.1219 分，行为是 3.7350 分。数据表明学生们普遍认可信息技术的娱乐价值，也有大部分人有实际行动。但娱乐价值判断、态度和行为之间依然存在严重的不一致。主要原因在于学生还是以学业为主，并无太多时间来娱乐。另一方面多数家长都很重视孩子的学习成绩，担心孩子会沉溺于计算机游戏，从而影响他们的学习。因此家长调查访谈中，家长通常不愿意也很少让孩子将信息技术用于娱乐，尤其是中小学学生的家长。家长的意愿也导致了学生娱乐价值元结构维度上的不一致。

3. 教学价值的不统一

数据表明，尽管不同主体都表现出一定程度的不统一，但这个价值项的不统一较为突出的主体是学生和中小学教师。

中小学教师对信息技术教学价值的判断和态度得分为 4.0184 分、4.1955 分，但相应的教学价值行为得分为 3.3824 分，差异较大。这表明，中小学教师对信息技术的教学价值有较高的认同和态度，但是相应的行为没有达成一致。

针对此问题，我们进行了深入访谈，访谈中很多中小学教师反映，学校的多媒体设备比较落后，如果要申请使用多媒体教室，需要经过层层审批，这种学校制度限制了他们把信息技术用在教学中的机会。也有教师反映，对信息技术在教学中的作用非常认可，但考虑到升学和考试成绩的压力，很多时候不得不放弃使用。还有很多教师反映，自身水平的限制导致不能在教学中熟练应用信息技术，自己做一个满意的课件需要耗费大量的时间。

这种情况也也是学生信息技术教学价值元结构维度存在问题的原因。学生在信息技术教学价值判断的得分为 3.8999，态度得分为 4.1912，行为得分是 3.3527。被调查的学生中超过 60%的学生认为利用信息技术能改进学习方法，提高学习能力，超过 70%的学生认为利用信息技术可以提高学习兴趣，教师使用信息技术能提高教学效果。在实践中，经常使用信息技术学习的学生不到 50%；参加网校学习的只有 20%。学生们基本认可使用信息技术在学习方面的价值，学生们普遍愿意使用信息技术学习。但在实际行为中，学生利用信息技术进行学习的情况并很不理想。访谈发现，尽管目前我国大部分地区乡镇以上的学校已实现校校通和开设信息技术课程，学生具备了一定的信息技术知识水平。但由于学校平时在教学过程中只注重对学生进行计算机知识和技能方面的教育，学生的信息素养普遍较差。很多学生能够熟练地浏览网页、打字、网络聊天、发 E－mail 等，但仍缺乏信息搜索、整理、加工、管理和交流的技能。这导致学生不易获取所需的学习资源、学习工具。因此，学生使用信息技术学习的行为并不积极。在参加网校学习方面，学生的得分均值仅为 2.66。通过访谈发现，一方面由于许多学生还没能达到上网自律自学的学习过程，所以许多家长担心，孩子上网学习只是三分钟热度，对娱乐、线上游戏比较感兴趣。并不支持学生参加网校。另一方面，学生平时的课堂学习就比较紧张，根本没有时间去参加网校学习。

4. 经济价值的不统一

对于信息技术的价值经济价值，教师、家长尽管也存在元结构的差异，但学生的差异较为明显。学生在经济价值的态度上得分为 4.4245，但在判断和行为上分别为 4.1902 和 3.6602。对三者进行配对 T 检验，态度、判断和行为之间存在显著差异（sig＝0.000）。分别对调查量表的经济行为数据进行分析，“我经常使用信息技术下载免费资源”题项的平均得分是 4.14，和判断基本一致。而另一题项涉及到使用信息技术获得物质回报和奖励，得分仅为 3.03。获取物质财富的结果不如人意的原因是大部分学生还未进入职业领域，在学校获取与信息技术相关的物质财富的机会很少。尽管学生愿意使用信息技术下载免费资源，但由于学生的家庭条件、学生过重的学业等原因也会导致学生的行为降低。如农村所在地的学生的行为得分仅为 3.44，中学生的经济行为是 3.37。

5. 发展价值的不统一

高校教师在发展价值的态度上得分为 4.0113，但在判断和行为上得分分别为 3.7777 和 3.6927。这高校教师对利用信息技术促进发展的态度较为积极，但是在判断和行为方面的得分较低，通过问卷和访谈来看，样本大多是学科教师，比较注重学生和自身的创新价值，而对于其他方面的发展关注较少，特别是学生的发展一般是学生自己和辅导员来进行，学科教师参与较少，另外由于信息技术使用过程的一些负面作用等也是影响教师对信息技术发展价值判断、行为偏低的主要原因。

二、信息技术价值观在内容维度上存在不均衡

信息技术价值观在内容维度上包括经济价值、管理价值、娱乐价值、发展价值和教学价值。调查结果显示，主体的信息技术价值观在内容维度上存在不均衡的现象，即主体对各个内容维度的得分有所偏重，针对不同主体的特征，本研究对其信息技术价值观内容维度上的不均衡做了详细分析和深入的访谈。通过对数据的深入分析，我们发现各类主体的信息技术价值观在内容维度上都存在不同程度的不均衡，这种不均衡可以概括为两个方面。

（一）价值判断、价值态度和价值行为在不同内容维度上的不均衡

1. 价值判断

不同的主体在对信息技术的价值判断上，均具有不同程度的不均衡，具体表现为：

（1）中小学教师对于价值判断的不均衡性主要表现在娱乐价值上，其得分为3.8395分，明显低于其他几个内容维度。从访谈中，我们发现中小学教师对信息技术价值各个内容维度的关注度的确有所差异，教师较多关注了信息技术的经济价值、教学价值、管理价值等，但较少考虑信息技术的娱乐价值。有很多教师反映，他们只是把信息技术作为一个辅助教学之余的娱乐工具，根本没有上升到考虑信息技术娱乐价值的层次，对其具有的价值还是有些忽视。

（2）高校教师对信息技术的教学价值、经济、管理价值的判断得分分别为4.0529、4.0728、4.0818，均在都在4分以上，而在娱乐价值和发展价值的判断上得分相对较低，分别为3.8900、3.7777，高校教师对信息技术的娱乐价值，特别是发展价值的认可程度较低。进一步的数据表明高校教师对信息技术发展价值的认可程度偏低主要表现在对信息技术用于促进学生发展作用的判断较低，如：18.2%教师没有认识到信息技术在开展思想品德教育方面的作用、16%的不赞同学生上网可以提高交往能力、8.3%教师没有认识到信息技术培养学生创造力方面的作用、14.5%高校教师没有认识到掌握信息技术对学生未来发展和就业的作用等等。通过进一步的访谈了解到学生在利用信息技术产生的负面影响及网络上的一些不健康、品味较低的内容，导致很多教师对信息技术的娱乐、发展价值的判断较低。

（3）学生经济价值判断得分为4.1902，管理价值判断是4.2476，娱乐价值判断是4.3752，发展价值判断是3.78，教学价值判断得分是3.8999，总价值判断得分为3.9325。数据表明学生对信息技术的发展价值和教学价值的认可度低于均值。

对信息技术的发展价值判断进一步分析，其中人际和情感两个方面得分较低，尤其是情感价值判断方面，平均得分仅为3.1。在人际关系价值判断方面，学生普遍认为使用计算机网络能够扩大交往范围，接触和认识更多的人，但认为与现实生活相比，网络交友并不容易。访谈发现原因在于学生认为网络交往与传统的具有亲和感的人际交往大不相同，网络的虚拟性使得他们往往难以形成真实可信和安全的人际关系。对情感价值判断深入分析，男学生认为通过网络更容易获得情感交流，女生平均得分为2.96。通过对女生的访谈发现，女生的情绪体验比较深刻细致，对环境、对别人的情绪反应都非常灵敏，她们比较在意别人对自己的评价。而网络的虚拟性通常使得网络交往中的人语言粗俗或直言不

讳，很少顾及他人的感受。因此在网络虚拟环境中，女生更容易产生不良情绪。

对信息技术的教学价值判断进一步分析，学生认为在信息技术能改进学习方法和提高自主学习能力方面并不理想。学生要想使用信息技术改进学习方法，必然要学会在网络中自主学习。由于现在的教学模式主要以讲授式为主，教师过多的讲解和演示使学生失去了使用信息技术进行自主探究、合作学习和独立获取知识的机会，这在一定程度上限制了学生的自主学习能力，导致学生无法掌握使用信息技术进行学习的学习方法。

（4）家长对于价值判断的不均衡性主要表现在娱乐价值和教学与发展价值之间，即家长对娱乐价值的价值判断平均得分（3.6010）显著高于在教学价值和发展价值的平均得分(分别为3.2583和3.2745)。从数据来看，不同内容维度的价值判断尽管存在不均衡，但是并不是特别显著。从访谈中来看，价值判断的不均衡性主要源于家长对信息技术娱乐价值、教学价值、和发展价值的体验不同，访谈中几乎所有使用过计算机的家长都曾经利用信息技术进行过相关的娱乐活动，因此，能认识到信息技术的娱乐价值，而很多家长由于没有利用信息技术教育子女的体验，因而认识不到信息技术的教学价值和发展价值。

2. 价值态度

不同主体在对信息技术的价值态度上，也具有不同程度的不均衡，具体表现在：

（1）中小学教师和高校教师在价值态度上的不均衡表现较为一致，都是娱乐价值的态度明显低于其他价值项的态度。其中中小学教师娱乐价值态度得分为得分3.8000分，而其他几个价值项的态度得分都高于4分。这与价值判断的不均衡是一致的，访谈中发现有很多教师对信息技术具有的娱乐价值还是有些忽视，对自身不自觉地娱乐活动也没有表现出明显的意愿，因此导致了娱乐价值态度的得分偏低。访谈中也有很多教师反映，平时的教学任务较重，没有多余的时间和精力考虑信息技术的娱乐价值，因此相应的态度得分就较低。

高校教师对利用信息技术教学（4.1509）、管理（4.3128）、发展（4.0113）的态度得分较高，均在4分以上，但是对利用信息技术娱乐态度的得分为3.9300，高校教师利用信息技术娱乐的积极性相对较低。进一步的访谈了解到，大多数高校学科教师在平时的教学、科研中较多的使用计算机，在休息、娱乐时更倾向于换一种方式，以缓解长时间使用计算机带来的疲劳；另一方面高校教师对娱乐价值的判断较低，也影响了他们对信息技术娱乐价值的态度。

（2）从各内容维度来看，学生经济价值、管理价值、娱乐价值、发展价值和教学价值态度得分均在4分以上，仅有发展价值中情感价值态度平均得分为3.70。数据表明学生在使用信息技术进行情感交流的态度不太积极。学生在使用网络向老师、同学和他人袒露心扉的意愿比较低。通过对学生的访谈和调查发现，93.2%的同学在网上遇到过他人的谩骂和恐吓，对心灵造成一定的伤害，因此并不愿意和他人进行深入的情感交流。

（3）家长在价值态度上的不均衡性主要表现在管理价值和娱乐价值之间。数据表明，管理价值的价值态度平均得分达到3.9645分，而对娱乐价值的得分仅仅为3.0704。从量表的设计来看，娱乐价值的态度涉及到支持孩子利用计算机进行娱乐活动和玩计算机游戏两项。其中，75.8%的家长我支持孩子课余时间利用计算机进行娱乐活动，但是只有37.8%支持孩子在课余时间玩计算机游戏。访谈中，很多家长反映，支持孩子利用计算机听音乐或偶尔看电影，但是很少家长支持孩子玩计算机游戏，就像一些家长所言“你看报纸和电视上的报道，那么多孩子被网络游戏给毁了，如果再支持孩子玩计算机游戏，不把孩子给害了吗”。可见，对于网络游戏的社会舆论和宣传确实影响到家长对娱乐价值的态度。

3. 价值行为

不同主体在对信息技术的价值行为上，也具有不同程度的不均衡，具体表现在：

（1）中小学教师在价值行为上每个内容维度的得分分别为：经济价值 3.8131 分、管理价值 3.2727 分、娱乐价值 3.6147 分、发展价值 3.3535 分、教学价值 3.3824 分。由此可以看出，不同内容维度上，价值行为的差异并不显著，但相对最低的得分是管理价值的行为。而且通过进一步的访谈，我们了解到，对于管理价值的行为实践需要长期的坚持和努力，比如一位教师谈到：“我建立了博客，用来管理自己的每日教学内容，但开始还可以，慢慢地就感觉时间不够用，所以现在几乎已经放弃了。”

（2）高校教师利用信息技术促进发展的行为（3.6927 分）略低于管理（3.7951 分）、娱乐（3.8100 分）、教学（3.9550 分）行为，从均值数据表面来看差异并不显著。但进一步的数据表明，高校教师利用信息技术促进发展行为较少，特别是促进学生发展方面更少，如 28.5%的教师很少鼓励学生通过网络与教师、专家建立联系、40.4%的教师很少或从不鼓励学生结识更多学习伙伴、40.2%的教师很少与学生讨论网络上时事和社会现象、42.2%的教师很少或从未通过信息技术手段与学生进行情感交流、44.7%教师很少通过网络结识同行、专家，等等。这一方面由于教师对信息技术的发展价值判断较低，影响了其行为的发生，另一方面，样本为学科教师在发展方面主要重视自身和学生的创新能力，而对全面发展的其他方面关注较少，特别是学生的情感、人际、道德等方面的发展，因此导致了高校教师利用信息技术发展的行为总体偏低。

（3）学生总价值行为的均值得分是 3.5328，低于均值的有信息技术娱乐价值行为、情感价值行为和创新发展行为。对学生的娱乐价值行为进一步分析发现，导致娱乐价值行为低的原因在于中学生，由于他们学业紧张，并无闲暇时间来进行娱乐。在情感价值行为方面，网络的虚拟性使得学生在网络中更容易受到情感伤害。在创新发展行为方面，由于学生本身的信息技术水平较低，所以很难利用信息技术进行发明创造。

（4）家长在价值行为的不均衡性最为显著，具体体现在管理价值和娱乐价值的平均得分仅仅为 1.9823 和 0.9911，而经济价值、教学价值和发展价值分别为 3.3784、3.3465 和 3.2027。正如前面对管理价值和娱乐价值在判断、态度和行为之间极端不统一的原因分析一样，管理和娱乐价值行为之所以得分很低，一方面在于家长对娱乐价值和知识管理缺少合理的认识，另一方面也源于家长理性判断与务实选择之间的矛盾性。

（二）不同特征变量的主体在不同内容维度上的不均衡

从问卷的数据分析和访谈来看，一些特征变量如年龄、性别、学校类型、学历、收入和城乡分布导致的差异致使不同主体对信息技术的价值观在内容维度上表现出不同程度的差异，而这种差异对于不同主体的表现并不一致，具体分析如下。

1. 中小学教师

通过数据结果来看，不同年龄、性别、学校类型对中小学教师信息技术价值观在内容维度上的影响不大，但是城乡差异导致的这种差别比较明显。城乡差异是教育信息化进程中最突出的问题，在信息技术价值观研究中依然是最突出的问题。通过走访和访谈，我们进一步了解了这些原因：很多农村教师有运用信息技术的强烈愿望，但苦于条件限制，不能很好地把判断和态度转化为行为。也有很多农村教师反映，学校领导非常不关注信息技术的运用，要使用仅有的多媒体设备，还得经过学校领导的层层审批。

鉴于城乡教师的信息技术价值观存在显著差异，我们对各个不同的内容维度进行了进一步的分析，以深入了解信息技术价值不同内容维度的城乡差异情况。

(1) 对信息技术教学价值的价值态度呈现显著的城乡差异。

价值判断和价值态度属于个人观念层次上的比较稳定的认识和心理意向，受外界因素的影响较少。从表4.10 (e) 的数据可以看出呈现显著城乡差异的是教师对信息技术教学价值的态度，显著性指标为0.000，城市教师和农村教师的T值为3.748**，说明城市教师的得分高于农村教师。通过进一步访谈和分析，我们得知农村学校的条件设备相对来说，较为落后，教师尽管认识到信息技术的这种价值，但是缺乏实践和运用的机会，没有更多体会到信息技术教学价值带来的效果，也没有感受到丰富多彩的行为乐趣，导致了他们对此的态度得分较低。在访谈中，也进一步证实了这个原因，有很多农村的教师能够认识到信息技术具有教学价值，但是没有体会过这种行为带来的乐趣，因此，对此的态度也就没有强烈的意愿了。

(2) 城乡教师在信息技术价值不同内容维度上的行为除了发展价值以外均存在显著差异。

除了发展价值以外，数据显示中小学教师在信息技术其他内容维度上的价值行为都存在显著城乡差异，如经济价值行为、管理价值行为、娱乐价值行为、教学价值行为的城乡显著性指标分别为0.000、0.021、0.000、0.003，都小于0.05，呈现显著差异，其T值显示都是城市教师的得分高于农村教师。针对价值行为普遍存在城乡差异的问题，我们进行深入地分析，从心理学的层面上来说，人们从事某项活动总有动机，它产生于需要和兴趣。但对于价值行为来说，因其实践的特点，很容易受到外部因素的干扰，这些外部因素主要包括城乡教师的水平差异、城乡学校的条件限制等。这些城乡差异的存在导致了城乡教师在信息技术价值不同内容维度上的行为差异。

2. 高校教师

通过数据结果来看，不同年龄、职称、不同类型的高校教师的信息技术价值观在内容维度上存在不同程度的差异，具体表现在：

(1) 不同年龄、职称的高校教师，信息技术价值观差异显著

高校教师的年龄和职称是有密切关系的，一般来说，年轻的教师职称也低，因此这两个方面的数据我们合在一起进行分析，数据综合分析表明：不同年龄、职称的高校教师信息技术价值观差异较为显著，主要表现在以下几个方面：

第一，对表4.21的数据进行分析发现，30岁以下和31～40岁高校教师在娱乐、发展、教学价值行为方面差异较为显著，差异系数分别为0.365*、2.37145*、1.62787*，而且30岁以下教师和41岁以上的高校教师在娱乐价值行为方面差异也较为显著，差异系数为0.459*。结果显示对于不同年龄的教师来说：30岁以下教师的得分高于31岁以上教师，特别是在信息技术教学价值行为、发展价值行为、娱乐价值行为上的得分明显高于31岁

以上教师。

第二，对表 4.25 的数据进行分析发现，对于不同职称的教师来说：在价值判断上，初级职称的教师在信息技术管理价值、发展价值的得分高于中级职称的教师；在价值态度上，初级职称的教师在信息技术教学价值、娱乐价值的得分高于中级职称；在价值行为上，初级职称的教师在信息技术管理价值、发展价值、教学价值、娱乐价值的得分均显著高于中级职称教师，其中利用信息技术娱乐的行为也显著高于高级职称教师。

通过深入访谈了解到，30 岁以下教师多为初级职称教师，参加工作时间较短，无论教学水平、科研能力都需要提高，他们倾向于借助信息技术教学和发展自己，因此对于信息技术价值判断较高而且相对于 31 岁以上中高级职称教师，他们科研、家庭的压力较少，因此他们对娱乐价值的态度和行为也相对积极；另外 30 岁以下相对于 30 岁以上教师接触信息技术的年龄相对较早，他们在读书期间较多使用信息技术交友、学习、查找资料等，这个年龄段的大多数教师刚开始工作就使用多媒体教学，他们对信息技术的掌握水平较高，驾驭能力相对较强，因而总体的态度更积极、使用频率更高。

(2) 不同类型的学校，高校教师信息技术价值观差异显著

不同类型学校的高校教师信息技术价值观也存在显著差异，从表 4.30 的数据可以看出，在信息技术价值观元结构维度上，无论价值判断、价值态度、价值行为，都是高职院校教师得分最高、其次为市属院校、省属高校得分最低，由此来看高职院校教师信息技术价值观水平总体高于普通高校教师。

从表 4.31、4.32 的数据来看，不同类型学校的高校教师在信息技术价值观内容维度上的差异突出表现在：在发展价值的判断上，高职院校教师与普通高校教师差异较为显著，表现为高职院校教师更认可信息技术发展价值；在发展价值态度上，高职院校教师比省属院校教师更积极；在娱乐价值行为、管理价值行为上，高职院校教师得分高于省属院校教师，并且市属院校教师的得分也高于省属院校的教师。通过深入的访谈与数据分析，我们了解到：

其一，高职院校开设的课程大多是技术性课程，有些教师本身就是某领域技术专家，有的教师在企业任职，担任技术咨询或培训工作，他们对科学技术的认识相对更深入、科学，因此，整体来说高职院校教师对信息技术价值判断更为科学，态度、行为更积极。

其二，通过对学生的访谈，高职院校教师比普通院校教师更注重职业技能、自信心等学生发展价值的培养，他们与学生的交流也相对较多。因此，高职院校教师表现出对信息技术的发展价值的判断和态度较高的得分。

其三，调查发现，省属院校教师比高职院校、市属院校的工作压力大，特别是在科研方面，他们的时间较为紧张，很多教师对于个人的身心健康关注较少，娱乐时间本身就不多，再加上对利用信息技术娱乐的态度不高，所以省属院校教师信息技术娱乐价值行为的得分明显低于市属和高职院校的教师。

3. 学生

从问卷的数据分析和访谈来看，性别和文理科倾向对学生的信息技术价值基本没有影响。学生的信息技术价值受家庭所在地和学历层次的影响较为明显，在内容维度上存在的差异主要体现在：

（1）城乡学生在信息技术价值观的各个维度均存在显著差异

从表4.9的数据可以看出，家庭居住地和学校所在地对学生信息技术价值观的影响是全方面地，在元结构维度的价值判断、态度和行为上，其P值均小于0.05，呈现出显著差异；在内容维度的经济价值、管理价值、娱乐价值、发展价值和教学价值上均存在不同程度的显著差异，如经济价值行为P值为0.000；管理价值行为P值为0.000；娱乐价值和发展价值判断、态度和行为P值均小于0.05；教学价值态度和价值行为的P值均小于0.05。

产生差异的主要原因在于无论是城市和农村的家庭还是学校的客观条件都不同。首先农村的信息技术设备和条件不如城市，例如计算机的拥有数量，网络的覆盖率等等，城市都显著优于农村，在农村自然无法较好的开展各种信息技术活动，直接影响了学生的信息技术价值行为。

其次，农村相对城市而言，信息较为闭塞，对外界信息和新鲜事物的接收相对滞后，思想观念也更为保守。农村的学生从小受这种环境的熏陶，对信息技术这个新鲜的事物的了解也相对不足，自然在价值判断和价值态度方面低于城市学生，此外上面提到的价值行为的减少，也会降低对信息技术价值的认识，进而影响到使用信息技术的态度。

（2）不同学历层次学生的信息技术价值观存在差异

对表4.35数据分析结果表明：不同学历层次学生的信息技术价值观在元结构维度上的差异表现为：初中生的价值判断较低，高中生的价值态度较高，大学生的价值行为较高。

从访谈中得知，初中生价值判断低的主要原因是初中生接触和使用信息技术的时间不长，对信息技术的理解和掌握还不深入和透彻，对信息技术价值本身的自觉意识也不强。高中学生价值态度低的原因是高中阶段学业比较紧张，学生没有多余的时间使用信息技术，使用信息技术的机会也比较少，行为也就随之而降低，这反而激发了高中生被压抑的热情。大学生则刚好相反，大学的信息技术设施很完备，学生也有足够的时间来使用信息技术，另外大学生也普遍掌握了使用信息技术的技能，因而使用信息技术的行为很高。这反而使大学生对信息技术的认识更为客观，使用信息技术的态度更为理性。

对学生数据分析结果表明：内容维度上的差异表现在经济、管理和娱乐价值上。就经济价值而言，初中生的态度低，大学生的行为高；就管理价值而言，初中生的判断低，大学生的行为高；就娱乐价值而言，高中生的判断高，初中生的态度低，大学生的行为高。而发展价值和教学价值的差异则不明显。

产生这种现象的原因在于经济、管理和娱乐价值的发觉和利用主要是学生个人的自觉行为。家长和老师很少鼓励或者强迫学生使用信息技术来从事这几个方面的活动。更有甚者，家长和老师还会劝阻或者禁止学生使用信息技术从事娱乐活动。而发展和教学价值则刚好相反，无论在家里还是在学校，家长和老师都鼓励或者强制学生从事学习和对学生发展有利的信息技术活动，因此不同学历的学生在这两个方面的差异并不显著。

4. 家长

对家长数据表的数据进行综合分析的结果表明：学历、收入和城乡分布导致的差异致使家长对信息技术的价值观在内容维度上表现出不同程度的差异，而这种差异主要体现在教学价值和发展价值两个难度。

(1) 教学价值中的差异

从表4.10 (e) 的数据可以看出，城市和农村家长关于信息技术教学价值的判断和行为的P值为0.009和0.003，均小于0.05，呈现显著差异，进一步的数据显示教学价值判断的T值为-2.627**，说明农村家长比城市家长更认可信息技术的教学价值，其价值行为的T值为2.963**，说明农村家长价值行为发生的频率却低于城市家长；从表4.37和4.38的数据可以看出，低学历的家长更认可信息技术的教学价值，但是价值行为发生地频率也低于高学历家长；从表4.32和4.33的数据可以看出，低收入家长的价值行为显著低于高收入家长。

从访谈中得知，很多农村、低学历和低收入家长，尽管没有使用过信息技术，但是从电视、报纸等大众传媒上获得很多关于信息技术带来的便利信息，尤其是移动通讯设备的普及，也确实为他们带来了很多的便利，一些家长甚至由于没有使用过计算机和网络而更加向往信息技术，有些家长反映“电视上很多人都用计算机学习，计算机肯定好，能帮助学生学习”。因此，农村、低学历和低收入家长对信息技的价值判断并不比城市、高收入和高学历家长低，甚至农村家长在教学价值维度上的价值判断得分高于城市家长，一些学历较低家长的信息技术价值观比一些较高学历的家长还要积极乐观。从访谈来看，家长在价值行为上的差异主要源于他们在实际工作和生活条件的差异。农村、低学历和低收入家长之所以较少使用计算机和网络，主要有四方面的原因，第一，这些家长尽管认识到信息技术的价值，但是他们当中有很多人还没有意识到信息技术能够为他们的工作带来便利；第二，很多农村和低学历的家长所从事的工作是以体力劳动为主，即使有些家长的工作涉及到脑力劳动，似乎也不太需要使用信息技术；第三，还有很多农村、低学历和低收入家长根本不会使用信息技术，也没有接受过相关培训，访谈中很多农村和低收入家长反映没有相关的信息技术设备，少数拥有相关设施的家长对计算机和网络的使用技能和水平也很有限，第四，大多数农村、低学历和低收入家长在工作中要求他们使用信息技术的外部压力很少。因此他们在教学价值的价值行为发生的频率会低于城市家长。

这充分表明，农村、低学历和低收入家长之所以教学价值行为发生的频率会低于城市、高学历和高收入家长，并不是因为他们认识不到信息技术的教学价值，而是由于他们缺少使用信息技术所必需的设备、条件和技能。

(2) 发展价值中的差异

发展价值的差异集中表现为价值行为的城乡差异，表4.10 (d) 中的数据表明，城市家长和农村家长在发展价值行为上的P值为0.039，T值为2.074*，说明城市家长发展价值的价值行为发生的频率显著高于农村家长。研究结果表明，发展价值产生城乡差异的原因主要有两个方面的原因。其一，我国社会化进程中长期形成的城乡经济、文化发展之间的差异，即由于农村经济相对落后于城市，农村家长的受教育水平也落后于城市家长，从而导致他们在计算机拥有量和使用技能上的差异，并进而导致信息技术发展价值在价值行为上的城乡差异。其二，由于人的发展是多方面的，本研究分别从审美价值、人际价值、情感价值、道德价值、创新价值和职业价值六个方面进行分析，结果表明，农村家长对孩子的审美、人际和情感发展，甚至道德发展都很少关注，有些农村家长这方面的价值行为几乎为零，从而在一定程度上导致农村家长发展价值的总体价值行为偏低。

第五章　科学信息技术价值观的培养

前面我们从元结构维度和内容维度详细分析了教师、学生和家长的信息技术价值观现状，分析结果表明，无论教师、家长还是学生，他们的信息技术价值观都存在一些不科学、不合理的地方，而各类主体信息技术价值观的不科学性和不合理性主要体现在两个方面：其一，在元结构维度上未能实现合目的性与合规律性的统一；其二，在内容维度上表现出不同程度的不均衡。

研究信息技术价值观问题，绝不能止于发现分析各类主体的信息技术价值观现状，也不能止于发现各类主体信息技术价值观存在的问题及其产生的原因分析，研究的根本目的在于帮助人们树立科学的信息技术价值观，这就涉及到科学信息技术价值观的培养。本章将首先从现状分析出发，找出影响信息技术价值观的不同因素，进而从这些因素出发，提出有效的培养措施，以促进科学信息技术价值观的形成。

第一节　影响信息技术价值观的因素分析

信息技术价值观的形成是一个不断刺激反馈、不断调节最终趋于稳定的过程，在这个过程中主体的社会实践活动、信息技术认知能力、文化水平、教育背景，以及媒体宣传、社会效应等多种因素都可能对其信息技术价值观的形成产生重要的影响。从调查结果的分析来看，影响信息技术价值观形成的因素很多，有些因素对教师、学生和家长三类主体都产生重要影响，有些因素仅仅对某一类主体产生作用。

自从信息技术应用到教育领域之后，国内外学者对信息技术应用范畴的研究日益增多，这些研究的最终目的都是为了提高信息技术在教育中应用的有效性，而信息技术应用的有效性必然涉及到应用主体的信息技术价值观。已有的研究在分析影响信息技术在教育中应用的因素时，大多从不同的层次进行分析，比如有的学者从个体层次、组织层次、文化层次和社会层次进行分析，有的学者从教育系统、学校、家庭和个人四个层面从进行分析，还有学者宏观、中观和微观三个层次进行分析[1]。课题组认为学校和家庭因素均属于中观层次，而文化则存在于各个层次，因此下面将从宏观、中观和微观三个层次进行分析本研究所揭示出的影响信息技术价值观的因素。

---

〔1〕 王春蕾. 影响信息技术在中小学教育中应用的有效性的因素研究 [D]. 北京师范大学，2004：22－23.

一、宏观因素——社会环境

主体的价值观总是受一定社会文化和传统观念的影响，表现出社会历史性的特征，因此，社会背景是影响价值观的重要因素。调查和访谈结果也表明，社会环境对教师、家长和学生的信息技术价值观均产生了一定的影响。当然，社会环境是一个比较宽泛的概念，包括政治因素、经济因素、文化因素等各个方面，根据研究结果，对信息技术价值观产生影响的社会环境具体表现为国家的考试制度、国家政策导向、社会宣传氛围、技术普及与技术支持、教育经费投入等方面，而且社会环境的不同方面对不同主体价值观的影响也不尽相同。

（一）国家考试制度

与社会中的其他活动相比，教育活动往往是一种高度制度化的社会活动。社会的教育制度本身包括国家和学校的考试制度、招生制度、毕业制度以及其他各种子制度[1]。研究结果表明，在各种不同的教育制度中，国家考试制度，尤其是传统的高考和中考制度对教师和学生的信息技术价值观都产生了重要影响，对家长也表现出明显的影响。

1. 对教师的影响

考试制度对高校教师信息技术价值观的影响较小，对中小学教师的信息技术价值观的影响最为显著。访谈中我们发现一位教师在教学中几乎从来不用信息技术，他说，我们的目标就是保证学生考上大学，我心里想得是如何保证学生成绩，使学生能够顺利升学，所以尽管在教学中不运用信息技术，但我会苦口婆心的教育学生好好学习，这就够了。由于社会对学校和教师的评价更多地是以学生的成绩来衡量，从而使众多的中小学教师具有了根深蒂固的想法，认为教学的关键是让学生考出好成绩，是否运用信息技术并不重要，因此有些教师并不关心信息技术具有哪些价值，或者认识不到信息技术具备某些价值，从而影响到中小学教师对信息技术的价值判断和价值态度，进而影响到他们的价值行为。

2. 对学生的影响

考试制度对学生的影响与对教师的影响类似，对中小学生影响较大，而对大学生影响较小。很多中小学都是以考试、升学、成绩作为衡量学生好坏的标准，忽视了学生信息素养的培养和提高，比如有些学校不重视信息技术课的开设，也缺少对于学生利用信息技术进行研究型学习的支持力度，甚至在有些偏僻的农村小学，学生在学习过程中从来没有学习和使用过信息技术，在这种情况下，学生便难以形成科学的信息技术价值观。

（二）国家政策导向

以信息化带动教育的现代化，努力实现我国教育的跨越式发展，已经成为我国教育信息化发展的重要目标。为此国家制订了一系列政策，而这些政策的颁布和落实对教师和学生对信息技术价值的价值判断、价值态度和价值行为均产生了某种程度的影响，但研究结果表明对家长的影响不显著。

1. 对中小学师生的影响

访谈结果表明，随着基础教育领域第八次课程改革、信息技术课程的开设、校校通工

---

〔1〕 谢维和. 教育活动的社会学分析 [M]. 北京：教育科学出版社，2007：215－221.

程和农远工程的实施、教师教育技术能力建设计划、学生信息技术能力建设计划的逐步推进，很多教师和学生对信息技术的认识比以前有了更多的改观。访谈中一些学生反映，他们通常在网络教室上信息技术课，其他课程上也有很多教师使用信息技术，因此，他们对信息技术的教学价值有深刻的体验，而学校学籍和课程的信息化管理使他们体验到信息技术的管理价值，有些学生曾经利用信息技术完成合作探究学习，对信息技术发展价值不仅有相应的价值判断和态度，也有相关价值行为的发生。访谈中很多教师反映，通过教育技术培训他们不仅对信息技术的各项价值获得逐渐深入的认识，还提高了相应的信息技术应用能力，从而促进了价值行为的发生。

2. 对高校教师和学生的影响

2007年年初国家教育部和财政部联合把网络精品课程建设作为《高等学校本科教学质量与教学改革工程》的重要组成部分。同年，教育部组织专家完成了《〈2008－2012年教育振兴行动计划〉教育信息化领域项目建议报告》，进一步明确了教育信息化发展的目标包括构建国家级的教育电子政务平台、教育信息化应用支撑平台和教育信息化支撑保障体系，完善教育信息化公共服务体系，普遍提高教师信息技术应用水平，推动信息技术在教育教学中的深度应用等等。这一系列政策，不仅推动了高等教育信息化的快速发展，而且使高校师生突破了对信息技术价值的单一认识。访谈中很多高校教师和学生反映，网络精品课程使他们体验到了信息技术的教学价值、发展价值和经济价值，而各级电子政平台和教育信息化应用支撑平台的使用，使他们认识到了信息技术的管理价值和经济价值。

（三）社会宣传氛围

社会宣传氛围主要对家长的信息技术价值观产生了显著影响，对教师和学生也有一定的影响。访谈结果表明，有些家长根本就不知道信息技术能干什么，甚至从来没有接触过计算机或网络；有些家长通过各种媒介获得了解了信息技术对教育和教学带来的积极变化，这些家长便能从一种积极的、正面的角度去认识信息技术的价值；而有些家长通过电视报纸等大众传媒了解到计算机网络尤其是网络游戏对青少年成长带来的危害，因而他们更多地从一种消极的、负面的角度谈论信息技术的价值。即使有些家长认识到信息技术的正面价值，但是为了避免信息技术对孩子带来的负面影响，很多家长选择了限制孩子使用信息技术，尤其是限制孩子使用信息技术进行娱乐活动。这充分说明家长信息技术价值观的形成明显地受社会宣传氛围的影响。

（四）技术普及程度

技术的快速发展和普及不仅影响到人们的工作、生活和学习，而且不可避免地影响到人们对技术的认识和看法，进而影响到人们的技术价值观。研究结果表明教师、家长和学生的信息技术价值观均受技术普及程度的影响。

首先，技术的日益普及使教师、家长和学生都能体验到信息技术带来的便利性。如访谈中很多从来都没有接触过计算机和网络的家长因为体验到手机带来的方便快捷，因而比较认可信息技术的价值。一些教师和学生虽然很少使用计算机和网络，但是他们身边有很多人曾经利用电子邮件与其他人联系，或者利用网络接受远程培训，尤其是农远工程的实施为很多农村学校送去了优质的教育资源，使得大多数农村教师也能从积极的、正面的角度去认识信息技术。

其次，技术设施尚未惠及到每一个人，从而限制了某些主体价值行为的发生。信息技术价值的发挥必须有基本的基础设施。由于经济发展水平的差异，很多农村家庭和学校、城市低收入家庭都还不具有信息技术的硬件设备，因此，很多中小学教师、家长和学生即使对信息技术有了合理的价值判断和价值态度，但是由于缺少相关的硬件设施，也难以产生相应的价值行为，从而使他们的信息技术价值观表现出一定的不合理性。

（五）教育经费

教育经费属于社会环境中的经济因素，因此教育经费直接反映出经济发展水平对信息技术价值观的影响。由于高校都处于城市，尽管不同高校的教育经费投入不尽相同，但是在高等教育信息化快速发展的今天，不同高校之间在信息化资源和基础设施之间并没有显著差异，因此，从研究结果来看，教育经费对高校师生的信息技术价值并没有显出影响，但是对于中小学教师和学生的影响较为明显。

经济发展的不平衡是我国社会化进程中一直努力克服的问题，时至今日城乡之间形成的经济差异依然非常显著，农村经济的相对落后状态使得整个农村的信息化建设水平落后于城市，农村学校的教育经费投入也远远落后于城市学校，并进而形成了教学设施和信息化资源建设等方面的城乡差异。目前，很多学校农村中小学的教学条件不能满足教师信息化教学的需要，学校的多媒体设备，无论从数量还是质量上都难以满足教学实际需求，甚至一些学校还没有条件配置多媒体教室，从而使得教师和学生的价值行为受到限制，进而影响到他们的信息技术价值观。因此技术的快速发展和日益普及，使得不同的价值主体对于信息技术的价值判断和价值态度之间并没有表现出显著的城乡差异，但是中小学教师和学生的信息技术价值行为却表现出显著的城乡差异。因此，教育经费的相对不足对信息技术价值观的影响主要是导致了中小学教师和学生价值行为的不均衡性。

二、中观因素——学校和家庭

学校是一个重要的中观系统，是一个最重要的、优先得到研究的层次，因为它介于国家做出的决定与每个教师日常在班级中应该做出的决定之间。因此，20 世纪 70 年代以来，教育社会学领域中的研究者指出，宏观分析并不能真正说明教育变革的内在动因，应当注重研究学校内部班级社会体系中人与人之间的互动关系，包括师生关系、学校文化、学生自我角色定位、教师的社会地位和教师在社会中的角色等[1]。由于信息技术价值观往往体现为不同主体在教育领域的决定和具体决定下的行为，因此，学校层面的各种因素必然会影响到各类主体的信息技术价值观，研究结果也进一步表明学校对待技术的整体氛围、学校的政策和管理体制、信息技术环境建设等因素影响到教师、家长和学生的信息技术价值观。从访谈结果来看，家庭的城乡分布和收入状况也会影响家长和学生的到信息技术价值观。

（一）学校对待技术的整体氛围

不同学校在长期办学过程中所积累起来的习惯和常规是各不相同的，因此对待信息技术的整体态度和氛围是不一样的。学校对待技术的整体氛围实际上反映出学校所有成员达

〔1〕钱民辉．教育变革动因研究：一种社会学的取向［J］．清华大学教育研究，1998（3）：24－30.

成的一种潜在的对待信息技术价值的信念以及对成员日常使用信息技术的一种肯定或否定的评价态度[1]。这种整体氛围源于大多数成员甚至全体成员对待信息技术的共识，同时又会影响所有相关成员的信息技术价值观。因此，学校对待技术的整体氛围会强烈影响到教师和学生的信息技术价值观，对家长也产生了一定的影响。

1. 对教师的影响

学校长期以来逐渐形成的对待技术的氛围首先会影响到教师对信息技术价值的判断，进而影响到他们的价值态度。这在访谈过程中得到了验证，研究过程中，我们遇到两所典型的学校，两所学校位于同一个城市。学校A向来都是以积极的态度对待应用到教育中的每一项新技术。因此，学校的领导和每一位教师，不仅注重学校教育信息化发展规划的制定，更关注每一项规划的具体落实，为此学校组织教师各种培训，鼓励教师在教学中应用信息技术，并通过为期一个月的校园文化活动促进学生应用信息技术。而学校B一直不太关注新技术的教学应用，当前学校每年的教育信息化发展规划都是由电教中心的老师制定，学校领导和老师几乎不考虑落实情况。最近，尽管学校为每个教师都配备了笔记本电脑，在教学中应用的也很少。访谈结果表明，两所学校的教师对信息技术的价值判断、价值态度和价值行为均具有显著的差异，而这种差异充分反映出学校对待技术的整体氛围对教师信息价值观的影响。

2. 对学生的影响

学生长期生活在学校，他们对社会的认识往往始于学校的具体活动，比如学校与信息技术相关课程的开设、教师在教学中应用信息技术的方式、教师与学生沟通的媒介、教师对学生应用信息技术的指导等很多方面都会影响到学生的信息技术价值观。而学校对待技术的整体氛围影响到上述各个方面，一所积极对待技术的学校不仅能开设出高质量的信息技术相关课程，而且教师也会在教学、师生沟通、个人专业发展方面有效地应用信息技术，并对指导学生应用信息技术进行有效的自主探究学习或合作学习，这样必然会对学生的信息技术价值观产生影响。这说明，学校对待技术的整体氛围通过教师间接影响到学生的信息技术价值观。

3. 对家长的影响

学校对待技术的整体氛围对家长的影响实际上是通过学生间接发生作用的。访谈结果表明，多数家长尽管在自己的工作中很少接触信息技术，但是他们的孩子回到家里有时会谈到他们学习了计算机和网络相关的课程，或者孩子们在聊天时常常会说到计算机的强大功能。还有些孩子通过学校的相关课程对信息技术产生了浓厚的兴趣，因而要求家长购买计算机，其中有些家长不仅满足了孩子的要求，还在孩子的“指导”下逐渐认识了信息技术。尽管我们当前还没有足够的数据说明这是否是一种普遍的状况，但是访谈结果也足以说明学校对待技术的整体氛围在一定程度上对家长的信息技术价值观产生了影响。

（二）学校的政策和管理

在国家和地区政策的推动下，每个学校都根据自己的具体情况制订学校信息技术应用方面的整体规划、相关政策和管理制度，这些学校政策和管理对教师和学生的信息技术价

---

〔1〕王春蕾．影响信息技术在中小学教育中应用的有效性的因素研究［D］．北京师范大学，2004：28.

值观都产生了重要影响。

1. 对教师的影响

教师的教学行为是在一定政策和管理体制的约束下进行的，其信息技术的价值行为也不可避免地受到学校政策和管理体制的影响。比如访谈中发现很多农村和乡镇中小学，为了方便管理，平时把通过农远工程而配备的多媒体设施大锁加身，普通学科教师如果要使用必须提前申请，甚至个别学校平时把多媒体教室的计算机搬到某个办公室，即使教师的申请获得批准，还要再把计算机搬回来，重新接线，繁杂的手续，使很多教师放弃了使用，从而限制了价值行为的发生。相对来讲，大多数高校教师的信息化设备管理以方便教师使用为主，因此，高校教师对信息技术的价值判断和价值态度尽管稍低于中小学教师，但是其价值行为的得分却又高于中小学教师。

当然，很多学校对教师应用信息技术的激励政策也影响到他们的信息技术价值观。比如当前在国家高校精品课程建设计划的推动下，很多高校为了鼓励精品课程建设计划，制订了相关的激励措施，这些教师在建设精品课程的过程中，不仅产生了相应的价值行为而且对信息技术的各项价值也有了更合理的判断和态度。可见，学校的政策和管理对教师信息技术价值观的形成起着非常重要的作用。

2. 对学生的影响

学校的政策和管理同样会影响学生的信息技术价值观。首先，学校在信息技术方面对学生的激励制度对所有学生的信息技术价值观都产生了积极的影响，比如中小学对参加信息学奥赛获奖的学生在高考中给于加分，大学对参加各类信息技术竞赛活动获奖的学生综合考评给于加分，而且各种竞赛都有相应的物质奖励，这会使他们更加认可信息技术的发展价值和经济价值；其次，学校对信息技术相关课程的支持、对鼓励学生利用信息技术探究性学习的技术和人员支持、对信息化设备的开放式管理制度等都从价值判断、价值态度和价值行为三个方面影响学生的信息技术价值观。研究结果表明，很多中小学生由于使用信息技术的机会较少，不仅对信息技术的不同价值缺少全面的认识，价值行为发生的频率也较低，但是对大学生来说，他们自身拥有的信息化设备较为完备，大多数大学生都购买了计算机，并且可以联入互联网，因此他们对信息技术价值的认识要高于中小学生，但是由于大学的管理较为宽松，很多高校忽视了对信息技术应用的正确引导，导致很多大学生往往更多地重视了信息技术的娱乐价值，其他方面的价值行为相对减少。

（三）学校的信息技术环境

没有基本的信息技术环境，信息技术的价值行为根本无从发生，因此学校的信息技术环境是影响师生信息技术价值观的重要因素。这里的信息技术环境既包括多媒体教室建设、机房建设、教师的办公设施、网络建设等在内的硬件环境也包括以信息化资源建设和各种管理与应用系统为主的软件环境。

1. 对教师和学生的影响

研究表明，无论是中小学还是高校，学校信息化资源建设的不完善，教学资源内容更新不及时等软件环境建设中的问题会阻碍他们产生某种价值行为，并进一步影响到他们对信息技术某些价值的认识。当前高校的信息技术环境建设普遍优于中小学校，因此，高校师生价值行为发生的频率普遍高于中小学师生。另外，就中小学而言，城乡不同学校信息技术环境的差异，也导致了教师和学生信息技术价值观的城乡差异，尤其是价值行为的差异。一位农村小学的教师告诉我们，还在大学时候，他就喜欢信息技术，愿意把信息技术用在自己的专业发展上，刚刚毕业工作时，他对于未来是充满着憧憬与期待的，尽管工作的条件与环境让他觉得有反差，但他还是希望通过自己的努力在教育领域里干出自己的一番天地，尽管他的希望很好，也一直在努力着，但学校的条件实在不怎么好，仅有的多媒体设备就是农远工程配备的一套多媒体，而且最令他犯愁的是学校领导对此不支持，仅在开会的时候使用，平时不支持教师在此上课，每次申请都要费很长时间。慢慢地，他开始失望了，这也验证了量的调查中农村学校的教师信息技术价值观得分明显低于城市学校教师的得分结果。这充分表明学校的信息技术环境确实影响到教师和学生的信息技术价值观。

2. 对家长的影响

学校的信息技术环境对家长的影响表现在教育管理信息化方面，尤其是基于网络的家校合作，对家长的信息技术价值观产生了明显的影响。访谈结果表明，网络环境下的家校合作使很多家长认识到信息技术的管理价值，但是在网络环境下，家校合作主要还是由校方单向地向家长发送学生信息，很少有家长利用相关的家校合作系统向学校发送相关信息。这表明，学校的信息技术环境仅仅对家长的价值判断和价值态度产生了影响，但是对家长的价值行为影响很小。

（四）家庭因素

家庭的各种因素对家长和学生的信息技术价值观都产生了非常重要的影响，甚至家长和学生之间还会相互影响。

1. 家庭城乡分布和收入对家长和学生的影响

信息技术要发挥其价值需要基本的技术设施，而城市和农村家庭以及高收入与低收入家庭所拥有的信息化设备完全不同。很多农村家庭和低收入家庭根本就没有计算机，联网更是一种奢望。在这种状况下，这些家庭的家长和学生即使对认可信息技术的价值，但是价值行为也很少发生。因此，家庭收入和城乡分布主要是对家长和学生的价值行为产生影响。正是因为如此，城市和农村的家长和学生对信息技术价值观的差异主要表现为价值行为的城乡差异，收入高低不同的家长，其价值观也表现在价值行为方面。

2. 家长和学生的相互影响

父母与子女甚至其他成员间有不可分割的血缘关系、共同的生活环境和文化背景，使得家长和学生的信息技术价值观相互影响。首先，学生在家庭教育影响下而形成的基本价值取向必然影响其价值观。家长的价值行为往往为学生提供感性的行为示范。访谈结果表明，如果家长不认可信息技术的价值，或者经常用它玩游戏等，就会导致学生对信息技术价值的不认可或同样用它来进行各种娱乐活动。由于目前信息技术对学生的负面影响日益严重，家长通常视之为“洪水猛兽”，从而在一定程度上导致学生使用信息技术用于个人发展的行为降低。其次，学生的信息技术价值观反过来又会影响家长，尤其是大学生。因为大学生进入特定年龄和学习环境后，其独立意向有所发展，与家庭的关系开始变得松弛，他们在高校优良的信息化环境下不仅体验到信息技术的多种价值，而且价值行为也逐步扩展，假期回家以后，大学生在与家长的沟通中，逐步影响到家长的信息技术价值观。

访谈中，很多家长都反映，自己家的学生教会了他们在日常的工作和学习中使用信息技术，从而产生更多的价值行为。

三、微观因素——主体自身

价值观是价值主体的自我意识，任何人都是根据自己特定的心理和需要做出价值判断，并根据自己的实际情况表现出不同的价值态度，选择相关的价值实践，产生相应的价值行为。因此，尽管有很多外在的影响因素，但在信息技术价值观形成的过程中，起关键作用的还是个体本身。这也充分表明了信息技术价值观具有的主体性，即会受到主体自身一些因素的影响，这些主体因素包括个体的教育理念、信息素养、对信息技术的主观认识等。

（一）教育理念

研究结果表明，个体教育理念主要是对教师的信息技术价值观产生了一定程度的影响，对学生和家长的相关影响较小。信息时代的教育理念要求教师不仅向学生传授知识，而且要重视学生综合素质的发展，“学会求知、学会做事、学会共处、学会做人”是21世纪教育的四大支柱，这要求教师要改变原来教学方式，注重学生创新能力、交流能力、合作能力的发展及良好的思想品德。目前已有比较多的教师接受了信息化环境的教育理念，一位年轻的信息技术教师让我们看到了这种信念稳定的重要性，教学中，他充分发挥信息技术的优势，如在网络教室内，设置了内部FTP，按照班级给学生设立了文件夹，每次的作品都要求提交到FTP，鼓励大家进行小组评价和自我评价。同时还设置了内网BBS，鼓励大家畅所欲言，扩宽大家的视野。而且利用信息技术构建教学网站，采取主题教学的形式，把信息技术必修内容分为几个大的主题，如信息技术基础知识、文本处理、多媒体信息处理等几大块，每一块内容都设置丰富多彩的活动，在任务驱动的方式下，提高学生的学习积极性，并且设置不同的提高层次，给认知水平不同的学生提供了充分发展的舞台。这位教师对信息技术与自身的价值关系持肯定的评价，也做出了肯定的价值判断，相应的表现为向往或追求的价值态度，采取积极的行为去创造和实现价值，并且超越传统，超越自我认识极限，从而达到了实现自我的过程。

而当前很多教师教育理念和教学方式还没改变，很多中小学教师更多地关注学生的学习成绩和个人教学水平的提高，高校教师则过分关注学生专业能力和自身教学、科研水平的提高，而在一定程度上忽视了对学生情感、审美、道德、人际交流等发展能力的关注，因而教师的信息技术发展价值行为较少。由此可见，教师的教育理念影响了其信息技术行为，进而会影响到整个信息技术价值观。

（二）个体认识

信息技术价值观具有主观性和多样性的特征，尤其是信息技术价值判断和态度与主体自身认识密切相关，而价值判断与价值态度又会进一步影响价值行为，因此，主体的认识会影响的信息技术价值观。

1. 教师对教学和信息技术的认识影响到信息技术的价值观

首先，教师对教学的认识会影响信息技术价值观。研究结果表明，教师如果把教学看作是一种知识传授过程，往往更多地关注信息技术在知识传授中的价值，而忽略了信息技术对于学生娱乐、未来职业发展、人际交流等方面的价值，因而形成对信息技术价值的片面认识，并且缺少相关的价值行为。当教师把教学看做学生个体发展过程的一部分时，相对而言对信息技术价值的认识会进一步丰富，能产生更多的价值行为。

其次，教师对信息技术的认识会影响到信息技术价值观。访谈中，有些教师把信息技术等同于“多媒体”，信息技术应用教育就是多媒体教学，从而导致对信息技术价值的不合理判断；有些教师认为教学中“用与不用信息技术一个样，用好用坏一个样，只要能把学生的成绩提高就行；”还有些教师认为学生在学习过程中是否用信息技术无关紧要，学好学科知识最重要。在这样的认识支配下，其价值行为不可避免地会受到影响。

2. 学生对信息技术的认识影响信息技术价值观

学生对信息技术的认识程度对信息技术价值观的影响最为关键，如很多学生把信息技术看做是娱乐的万能工具，可以打游戏、看电影、听音乐和聊天等等，从而导致对信息技术价值的不合理判断，即忽视了信息技术的其他价值而更认同信息技术的娱乐价值。这一点也和中国互联网络信息中心的调查数据相吻合，调查表明目前中国的网络应用普及程度较高的是娱乐类网络应用，网民对互联网帮助程度的评价中，也是认为互联网对丰富娱乐生活方面的帮助度最高。

3. 家长对信息技术的认识影响其价值观

研究表明，很多家长，尤其是一些从没使用过信息技术的家长，在大众传媒的影响下，认为信息技术会使孩子成瘾，容易影响他们的身心健康，因此家长这一群体的信息技术价值观在价值判断、价值态度和价值行为各个方面的得分均显著低于其他群体。一些家长常常使用信息技术进行相关的娱乐活动，但是很少把信息技术用于个人发展等其他方面，因此，意识不到信息技术的发展价值、教学价值和管理价值，结果形成对信息技术价值的片面认识，也很少有相关的其他价值行为。可见，家长对信息技术的认识也会影响到他们的信息技术价值观。

影响价值观的因素很多，但是本研究发现，以上这些因素对信息技术价值观产生了不同程度的影响。有些因素对某一类主体产生了直接的影响，有些因素对所有的主体都是一种间接的影响。信息技术价值观是在长期的实践中形成的，本研究把信息技术价值观定位于教育领域，但是教育实践不仅是一个动态的过程，而且教育实践活动的展开要涉及很多复杂多变的因素、且随时间变化也在不断变换相互作用的因素。因此，这些影响信息技术价值观的所有因素是相互联系、相互制约的，他们共同构成了一个动态的系统，并会随着时间的发展和相互作用而不断发展。

（三）信息素养

“信息素养”的本质是全球信息化需要人们具备的一种基本能力。简单的定义来自1989年美国图书馆学会（American Library Association ，ALA ），它包括：能够判断什么时候需要信息，并且懂得如何去获取信息，如何去评价和有效利用所需的信息[1]。而信息技术价值观指的是主体对信息技术或信息活动的最基本看法，包括基本信念和价值取向，决定着主体的思维活动和外在表现。因此，个体的信息素养水平的高低会直接影响信

[1] http://baike.baidu.com/view/46.htm? fr=ala0＿1，2009－8－13.

息技术价值观的形成，而信息技术价值观的状况也会影响到信息素养的提高。

1. 对教师的影响

目前已经开展的各种培训使得教师具备了一定的信息素养，大部分教师形成了信息社会的基本素养，能够合理的判断信息，懂得如何选择和利用、评价信息，这为科学信息技术价值观的形成奠定了基础，使得大部分教师对信息技术的价值判断和价值态度已经较为一致，但在研究过程中，发现教师表现出来的信息技术行为还是各异的。其主要的影响因素是教师的信息素养不同，表现为技术应用水平的高低不一，比如有的教师信息素养较高，不仅能较好地掌握各种教学软件，做出形象生动的多媒体课件，还能在教学中有效地应用；有的教师尽管对信息技术情有独钟，但囿于自身技术水平，运用起来很有难度，因此不得不放弃。一位英语教师告诉我们，她比较认可信息技术的价值，从心理上也不排斥运用信息技术，也知道信息技术在表现教学内容上具有的优势，但是这位教师技术水平较差，每次做一个简单的课件都会耗费大量的时间，几次下来，感觉非常困难，因此就放弃了对信息技术的应用。从调查结果和访谈来看，教师个体的信息素养影响了其信息技术价值观的形成，对信息技术价值观元结构中的价值行为影响尤为显著。

2. 对家长的影响

信息社会对家长也提出了一定的要求，要求家长具备符合时代特征的信息素养，能够掌握基本的信息技术，用来选择、处理信息。但实际情况中，家长的信息素养由于缺乏统一的培训，同时缺乏科学理念的指导，呈现出层次参差不齐的状况。经过访谈和调查我们发现很多家长的信息素养水平不高，导致很多信息技术操作技能受限，从而导致了其信息技术价值观出现了很多不科学的地方。

访谈中很多家长反映，自己家里有计算机，但是不会用，不知道怎么用。很多城市家长反映，他们的实际工作对信息技术的要求不高，在单位也没有接受过相关培训，不太会使用计算机。一位常年收购粮食的农村家长指出，他自己家里有计算机，但是以前很少用，是一些科技下乡的大学生教给他可以使用计算机记账、联系业务等工作，可是大学生走了之后，在应用中遇到很多问题无法解决，只能等到邻居的孩子假期回来帮他解决。信息素养水平不高导致的操作技能受限，必然影响家长信息技术行为的发生，也必然造成了家长信息技术价值观呈现出不科学的特点。

3. 对学生的影响

随着社会信息化程度的不断提高，学生信息素养的培养已经得到较高的重视，全国大部分学校的信息技术课程中已经把信息素养的培养作为基本目标，也做出了相关的改革和努力，因此学生已经具备了一定的信息素养。

但调查发现，还有很多学校对信息素养的理解有所偏差，教学过程中只注重对学生进行计算机知识和技能方面的教育，使得很多学生能够熟练地浏览网页、打字、网络聊天、发 E-mail 等，但对信息的搜索、整理、评价和交流技能仍比较缺乏，这必然会导致学生对信息技术价值的片面认识，从而影响其信息技术价值观的形成。

第二节　信息技术价值观培养原则

信息技术价值观是一个复杂的系统，在元结构维度上涉及到价值判断、价值态度和价值行为各个层面，在内容维度上又包括经济、管理、娱乐、审美、发展和教学等各个方面。信息技术价值观的培养更是一个系统工程，涉及到学生、家长和教师各个主体，包括学校教育、家庭教育和社会教育各个方面。为了更好地培养信息技术价值观，应坚持以下原则：

一、科学性原则

科学的信息技术价值观具有：合规律性与合目的性的统一、逻辑一致性、教育代价最小与教育效益最大的统一等三个特征，它们是确立科学的信息技术价值观的基础。而科学的信息技术价值观又是信息技术价值观培养的依据。科学性具体来说包括：

（一）信息技术价值的客观性

价值的本质是客体对主体的效应。科学的信息技术价值观应客观的评价这种效应。客观包括两个方面：一是不能盲目夸大和美化信息技术的价值，认为其无所不能，没有任何缺点；二是不能盲目排斥信息技术，认为其只有负面影响，看不到其有用的一面。

信息技术价值观培养的目的是让人们认识到信息技术的价值，但也应尊重客观规律，不盲目扩大信息技术的效用，避免矫枉过正。

（二）信息技术价值观内容结构的完整性

本研究详细分析和阐述了信息技术在教育领域中的价值，称为信息技术价值观的内容结构。内容结构的所有方面构成了完整、全面的信息技术价值观。如果存在内容结构某个方面的认识缺失，就不能说这样的信息技术价值观是科学的，至少可以说它是片面的。

通过本研究的调查发现，有些主体确实存在对信息技术价值认识上的缺失，即没有认识到信息技术在某个方面的价值。也有些主体排斥信息技术的某些价值。例如家长认为沉迷电脑会影响学生的学习成绩，就否定信息技术的教学价值等等。在信息技术价值观的培养当中，应纠正这样的片面和错误认识。

（三）信息技术价值观元结构的逻辑一致性

判断信息技术价值观是否科学，除了检验评价信息技术的价值是否客观和全面外，还要看价值判断、价值态度和价值行为是否一致。可以通过分析三者之间的相关性检验它们的逻辑一致性。出现不相关或者负相关都说明元结构逻辑不一致，也就是主体认同信息技术的某项价值，而在情感上讨厌，或在行为上排斥使用信息技术以发挥它的价值。显然这样的信息技术价值观是不科学的。需要予以纠正和培养。

信息技术价值观的科学性是发现主体的信息技术价值观是否合理的依据，也是进行信息技术价值观培养的入手点，同时还是信息技术价值观培养的方向和目标。

二、针对性原则

根据信息技术价值观不同构成方面的特殊性和信息技术价值观的现状，主要考虑以下几点：

（一）针对信息技术价值观元结构的不同方面

信息技术价值观的形成过程较为复杂，其元结构中的不同方面有不同的形成机理和不同的影响因素，因此要从包括价值判断、价值态度和价值行为三个层面采取有针对性的措施，不同层面形成不同的培养手段和策略。

从信息技术价值观的元结构来看，价值判断和价值态度是主体个人的信念和态度，需要主体个人努力，通过长时间的积淀形成，而且具有承前启后的连贯关系，因此可以把这两个维度作为整体进行培养。

比如注重大众传播的宣传和舆论导向作用，帮助主体澄清正确合理的信息技术价值观念等等，不同主体之间也可以互相联系，发挥榜样的示范带头作用，共同形成科学的信息技术价值观。

信息技术价值创造的实践活动是对价值判断和价值态度的进一步深入，表现为信息技术价值行为。价值行为的影响因素则更为广泛，应从更多方面入手。例如为信息技术的使用提供硬件条件；开展各种信息技术实践活动和竞赛，引导学生积极参与；教师和家长示范信息技术的使用等等。

在进行信息技术价值观培养的过程当中，应根据主体在不同元结构方面存在的问题，进行有针对性的培养。

（二）针对信息技术价值观内容结构的现状

本研究将信息技术价值观的内容结构分为经济、管理、娱乐、审美、发展和教学等方面。在信息技术价值观的培养过程当中，应根据这些不同方面，采取针对性措施。例如如果某类学生没有使用和掌握自己专业领域的计算机工具，会影响到将来的职业发展，显然仅仅鼓励学生利用信息技术工具辅助学习是不够的。如果教师仅仅认识到信息技术的教学教学价值，而忽略其他方面，那么要有针对性的对其他方面的价值进行培养。

（三）针对不同的影响因素和不同主体

本研究详细分析了性别、家庭住址、学校所在地、文理分科和学校层次因素对信息技术价值观的影响，在进行信息技术价值观培养过程中，应综合考虑这些影响因素，采取有针对性的措施。例如农村学校的硬件条件不如城市学校，相应的在采取其他培养方法的同时，应注重改善农村学校的信息技术硬件设施。

同时要考虑不同主体的个体差异，分别进行培养，如农村家长和城市家长所处环境不同，面对的信息化条件也不同，因此培养策略不可能相同。对于教师和学生也是这样，要针对不同的群体，进行有针对性的培养。

三、统一性原则

在信息技术价值观培养的过程中，要坚持针对性的原则，但信息技术价值观的各个方面又是一个有机整体，不能割裂开来。因此，更应该考虑各种因素，从多个方面入手，共同促进主体科学的信息技术价值观的形成。具体来说，应考虑以下几个方面：

（一）价值判断、价值态度和价值行为的统一

价值观元结构的价值判断、价值态度和价值行为既相互独立，又是一个相互联系的整体。本书通过相关分析发现，它们之间两两存在正相关。也就是说，价值判断高，相应的价值态度高，进而价值行为方面也高，反之亦然。

在信息技术价值观的培养过程中，应该考虑三者之间的相互影响。例如，学生对信息技术的教学价价值判断很好，即认为信息技术可以促进教学，但价值行为得分很低，即学生很少利用信息技术进行学习。久而久之，实践活动的缺乏会削弱学生对信息技术教学价值的肯定，影响到价值判断。对于教师和家长也是这样，比如长期受舆论影响认为网络只对学生有害的家长和教师，会不可避免地影响他们对信息技术价值的正确判断，从而影响其态度和行为。所以，应从价值观元结构的各个方面共同采取措施，才能更好地培养主体的信息技术价值观。

（二）学生、教师和家长的统一

我们研究的教育领域中信息技术价值观的主体包括教师、学生和家长，他们三者之间具有某些特定的联系，因此对信息技术技术价值观的培养更要从这三者的统一入手。比如对学生信息技术价值观的培养要结合教师和家长科学信息技术价值观的示范作用进行。因为教师对信息技术的认识，会潜移默化地影响到学生的信息技术价值观，如果教师排斥信息技术，那么他的学生也不愿意利用信息技术来进行学习，形成不科学的信息技术价值观。同时家长对信息技术的认识，也一样会影响学生的信息技术价值观。因此在信息技术价值观培养的过程中，要做到教师、学生和家长的有机统一，使得他们可以互相借鉴，相互学习，最终形成科学的信息技术价值观。

（三）学校教学、家庭教育和社会实践的统一

做到教师、学生和家长的有机统一，这是主体内在的因素，除此之外，还有相应的外部环境的统一，那就是学校教学、家庭教育和社会实践的统一。比如学生接受信息技术价值观教育的场所除了课堂，还包括课外学校的整个环境，以及家庭环境和社会环境各个方面。有利于培养学生信息技术价值观的环境应该符合两个条件：一个是各种环境应该一致，即不能在学校里鼓励某个价值行为，而在家里禁止某个价值行为，在一个环境里肯定某项价值，在另外一种环境中否定某项价值；另一个条件是全面，既要在学校营造一个良好的信息技术价值观教育环境，也要在家庭营造一个良好信息技术价值观教育环境，才能有效地培养学生信息技术价值观。另一方面，要结合课堂教学、课外实践、家庭教育和社会实践等多种教育形式来培养信息技术价值观念。仅仅依靠某一种教育方式，效果往往显得很单薄。同时，这种学校教学、家庭教育和社会实践的统一，对于教师和家长科学信息技术价值观的形成也具有至关重要的作用。

第三节　信息技术价值观培养策略

如前所述信息技术价值观的形成过程较为复杂，通常经过服从、同化、内化反复过程而逐渐形成，而在信息技术价值观形成的过程中，不同主体会受到各种不同因素的影响。因此，科学信息技术价值观的培养，既要针对不同的主体从相关影响因素入手，还要顺从价值观形成的过程，从而保证其信息技术价值观培养策略的科学性、针对性和统一性。由于前面影响因素的分析从宏观、中观和微观三个层面入手，下面也从这三个不同的层面论述信息技术价值观的培养策略。

一、基于宏观因素的培养策略——开始服从

宏观培养策略是针对国家和整个社会而言的，因为社会环境中有些因素影响到各类主体的信息技术价值观，而有些因素则仅仅影响到某一类群体。因此，针对不同主体的宏观培养策略也不尽相同，不过从总体来看国家和社会层面的宏观政策更多的是从主体对信息技术价值观的服从发挥作用的。

（一）建立科学的信息技术价值观标准

虽然信息技术的应用越来越普及，但是这些应用是多层次、多元化的，缺乏有效合理的监管机制，而且信息技术价值观的系统研究成果相对较少，又缺少科学的信息技术价值观标准，因此很多人在运用信息技术的时候，考虑不到自己对信息技术价值的判断、态度和行为是否科学。因此科学的信息技术价值观标准的建立是紧迫的，也是必须地。

我国已于2004年颁布了包括中小学教师、管理人员和学生在内的教育技术标准，但是信息技术实践是一个复杂的动态过程，而信息技术价值观是在长期的信息技术实践中形成的。因此，为了更好地发挥信息技术的价值，首先需要根据实践的变化修订已有的标准；其次，在此基础上应该针对高校和家庭教育的实际情况，制定高校教师、高校学生和家长的教育技术标准，通过教育技术标准的完善和丰富，逐步形成科学的信息技术价值观标准。

（二）继续深化考试制度改革

这种国家政策和考试制度的影响，不是一个口号，一朝一夕可以改变的，相关部门也正在做出努力，如山东、海南两省已经把信息技术列入高考内容。随着信息技术的不断深入应用，相关部门可以制定出把信息技术列入高考和中考范围的有效方案，或者利用信息技术进一步改革已有的高考和中考方式，从而通过考试制度的改革，克服国家考试制度对主体信息技术价值观忽视带来的负面影响。同时要深入推进基础教育课程改革，建立促进学生全面发展的评价体系，不能仅仅以学习成绩衡量学生的发展，要发现和发展学生多方面的潜能，推进信息技术在教育领域的全面有效应用。

（三）进一步发挥国家政策导向和引领作用

国家有关信息技术应用的一系列政策对教师和学生的信息技术价值观均产生了某种程度的影响，因此国家可以继续通过相关政策引领教师和学生逐步树立科学的信息技术价值观。为此，国家相关部门应该结合信息技术的发展趋势和应用现状，进一步完善、深化已有的相关政策，利用政策导向促进帮助教师和学生形成科学的价值判断和态度，并产生积极的价值行为。如采取一系列政策继续深入推进农远工程建设、深入推进学校教育信息化建设、深入推进农村地区信息化建设等，加大国家投入，加强信息化硬件建设，为主体的信息技术价值观培养提供良好的环境，同时采取各种措施促进主体理念的转化，在良好的信息技术环境中形成科学的价值判断、价值态度和价值行为。最重要的一点是要保证政策的监管力度和执行力度，比如定期检查农远工程进度，确保及时更新资源，针对不同实施模式和学校情况举办专门培训，让每一所学校的所有教师和学生都能充分利用农远工程提

供的相关资源和设施，并把农远工程应用的水平和效果，纳入学校评估体系和地方政府教育督导检查的范畴，建立农远工程可持续发展的长效机制，从而提升农远工程的应用效益，缩小教师和学生价值行为中的城乡差异。

（四）对教师和家长实施有效的培训

如前所述各类主体的信息素养都影响到他们的信息技术价值观，因此，可以通过培训改变教师和家长对信息技术的认识，提高他们的操作技能，从而提升他们的信息素养。

1. 继续推进和完善教师教育技术培训

目前在全国高校和中小学都已开展的教育技术全员培训是教师提高信息技术素养的重要途径，更是培养他们形成科学信息技术价值观的基础。这种技术培训对于提高教师的信息技术应用和操作水平具有重要的作用，也有助于促进信息技术行为的发生。但是，如果缺乏科学理念的指导，会导致教师缺乏对信息技术价值的全面认识，因此在推进教师教育技术培训的大潮中，相关部门要尽可能让教师在培训中参与各种信息活动，充分体验到信息技术的各种不同价值，而且还要特别注意在培训结束以后为教师提供持续的后续支持和服务，以更好地促进教师对信息技术的价值判断和态度，从而促进价值行为的发生。

在推进教师教育技术培训的过程中还要注意的一个问题是要体现培训的层次性和差异性。在当前的中小学教师教育技术培训中，很多地方是城乡教师一起接受培训，没有体现城乡差异，尤其没有体现农村中小学的实际情况。而城乡教师身处不同的信息技术环境中，因此他们的信息技术实践和价值行为也是不一样的。不考虑这种层次性和差异性，就难以实现教育技术培训的有效性，也难以促进科学信息技术价值观的形成。因此，今后的教育技术培训中可以针对农村学校的实际情况在活动设计中有所侧重，比如多设计一些应用农远工程资源的活动和课程整合活动，引导教师应用信息技术完成一些日常管理工作，在培训过程中组织网络教研，建立良好的网络培训平台，通过这些活动提高农村教师信息技术价值行为发生的频率，引导他们把信息技术应用于教育管理和个人专业发展，逐步获得对信息技术价值的全面认识，进而促进其科学信息技术价值观的形成。

2. 借助农远工程，对农村家长实施信息技术培训

对于家长来说，要培养其科学的信息技术价值观难度最大，因为家长的学历层次、所处地区、工作职业、信息技术水平在三类主体中是最参差不齐的，也是差异最大的。从研究结果来看，农村家长的信息技术价值观中不论元结构还是内容结构，在各个层次维度的得分相对较低，因此有效促进农村家长的信息技术价值观就显得尤为重要。从目前的条件来看，最有利最可行的策略是借助农远工程，对他们进行信息技术培训。从我们的访谈来看，在农远工程实施的过程中，很多农村党支部已经建立了现代远程教育工程，并配置了相关设备，取得了显著成效。然而访谈中很多农村家长反映，农远工程几乎不涉及信息技术知识的培训，有的家长甚至还不太了解自己身边的远程教育，导致一些农村家长即使自己有了计算机，也因为操作技能受限，无法发挥信息技术的价值。

信息化既是信息时代的必然要求，也是社会发展的趋势。因此，提高农村家长对信息技术的科学认识，引导他们践行合乎目标的信息技术价值行为是社会主义新农村建设的重要内容和必然要求。为此，相关部门要借助农远工程，在原有的基础上，以村党支部和现有的农远工程为依托，建立向农村家长开放的信息技术中心，对农村家长实施信息技术培

训，开展信息支农服务，不仅能提高他们对信息技术价值的价值判断和价值态度，也有助于促进他们价值行为的发生，从而促进其科学信息技术价值观的养成。

3. 进一步完善低保制度，确保低收入家庭的家长有机会获得信息技术培训

在研究中还发现一类特殊的家长群体的信息技术价值观需要得到重视，那就是低收入家庭的家长，这些家长无论在城市还是农村都存在。从我们的调查中可以看出，21%的家庭年收入低于1万元，结果显示他们对于信息技术教学价值的行为明显低于高收入家庭，这样的调查结果是预料之中的，因为他们可能负担不起使用信息技术所需要的相关费用，导致很多家长由于没有接触过信息技术而不会使用信息技术。然而他们却认可信息技术的价值，即他们对信息技术的价值判断和价值态度无论在元结构维度还是在内容维度上与高收入家庭都没有差异，这一方面说明当前国家的政策导向和宣传已经发挥了积极的作用，另一方面也表明，必须为这些低收入家庭的家长提供获得信息技术培训和使用信息技术的机会。因此，国家相关部门要进一步完善低保制度，采取相关措施，促进资源共享，如区域共同推进、社区相互协助、城乡相互交流等，促进低收入家长接触信息技术的机会，使得他们可以达到信息技术价值判断、价值态度和价值行为的统一，从而形成科学的信息技术价值观。

（五）利用媒体机构加大对科学信息技术价值观的宣传和引导

对于众多家长而言，在他们没有接触到信息技术或者没有使用信息技术之前，各种媒体机构的宣传是他们获取对信息技术认识的重要来源之一。从前面的分析可以看出，家长对信息技术的价值判断、价值态度居于中间层次，而价值行为相对较低。因此，要促进家长科学信息技术价值观的养成，就要提高家长的信息技术行为，而行为的发生，除了外界环境和硬件设备的影响之外，较多的依赖于家长对信息技术价值的科学和全面认识。因此要利用媒体机构，尤其是一些大众传播机构的优势，加大对科学信息技术价值观的宣传和引导，不断提高家长对信息技术价值的认识，从而提高家长对信息技术的价值判断和价值态度，获得对信息技术价值观的合理认识，从而为价值行为的产生奠定基础。教师和学生虽然大多有使用信息技术的亲身体验，但是大众传播的效果理论告诉我们，传媒机构对科学信息技术价值观的宣传和引导也有助于改变他们对信息技术的看法和态度，特别是对信息技术价值的正面宣传，将会使他们更加认同信息技术的各项价值，并不断改进他们的价值行为，从而逐渐形成科学的信息技术价值观，并用来指导自己的信息活动。

二、基于中观因素的培养策略——逐步同化

中观培养策略是针对学校和家庭而言的，因为学校和家庭中的因素对各类主体信息技术价值观的影响是不一样的。因此，针对不同主体的中观培养策略也不尽相同，中观政策更多的是从主体对信息技术价值观的同化发挥作用的。

（一）优化教育信息化环境

现状分析的结果表明，农村和城市的教师、学生和家长的信息技术价值观呈现出显著差异。产生差异的主要原因在于城乡不同家庭和学校的信息技术环境存在显著差异，很多农村学校和家庭不具备基本的信息技术环境，这必然会影响他们对信息技术的价值态度和判断，使他们的信息技术实践活动受到限制，价值行为难以发生。因此，可以从优化农村

的信息技术环境入手，逐渐缩小各类主体信息技术价值观的城乡差异。

1. 加强农村学校的信息技术环境建设

学校的信息技术环境是影响教师和学生信息技术价值观的重要因素，从调查来看，大部分城市学校的信息化建设已经达到较高的水平，很多学校都联入了互联网，配备了高端的多媒体设备，组建了微机室，数字阅览室等，为培养教师和学生的信息技术价值观提供了良好的硬件环境。而农村学校的信息技术环境相对比较落后，走访中发现很多农村学校除了农远工程配备的设备之外，没有任何其他信息化设备，因此必须加强农村学校的信息技术环境建设。

针对农村学校的具体情况，可以从两个方面进行：首先，教育部门在配置教育资源时，应做到尽量城乡一致，甚至可以加大农村学校的投入，使学生有计算机可用，有网络可用，能体验到信息技术带来的各项价值，具备开展信息技术实践的基本条件；其次，要加强农村学校和城市学校之间的沟通和交流，创造条件让农村学校的教师和学生多去城市学校参观，多举办一些城乡联合的信息技术相关的竞赛或者实践活动，改善农村学校应用信息技术的大氛围，营造软环境，从增加教师和学生使用信息技术的行为入手，逐渐影响其价值判断和价值判断。

2. 加快农村的教育信息化进程

信息技术价值观的形成需要一个反复循环的过程，在这个过程中农村家长和学生因为环境和条件的限制，对信息技术的认识在时间上往往落后于城市家长，因此加强农村的教育信息化进程就显得非常重要。为此，相关部门可以通过加快农村教育信息化的进程使农村家长和学生更多地感受信息技术带来的各种变化。

首先，以建设社会主义新农村为契机，把农村教育信息化建设作为新农村建设的重要组成部分；其次，经常举办科技下乡活动，为农村地区带去新技术、新思想，利用信息技术为农村提供相关的农业生产知识培训，指导他们把信息技术用于农业生产，逐步加深农村家长对信息技术的全面认识；第三，可以通过组建乡镇技术联合活动，加强村与村之间的联系和沟通，共同学习信息技术，形成良好的信息技术氛围；最后，规范农村网吧的管理，农村不良网吧的存在会很容易让农村家长和学生仅仅关注信息技术的娱乐价值，从而限制了家长和学生对信息技术教学价值、发展价值等其他方面的认识，通过相关部门对网吧的规范化管理，既可以发挥网吧的积极作用，又可以限制其不利影响。通过加快农村的教育信息化进程，逐步提高农村家长和学生对信息技术的科学认识，进一步形成科学的信息技术价值观。

（二）为各类主体提供必需的技术支持

技术的发展非常迅速，技术的价值也会不断地被创造、被实现。各类主体的主要任务虽然不是学习新技术，但他们会不断利用新技术的价值促进生活、工作、学习等各个方面。因此他们的信息技术价值行为就需要相关的技术支持，由此来看为他们提供一定的技术支持就显得必不可少。

1. 利用各地教育信息化办公室，为家长提供技术支持

对于家长来说，研究结果显示其信息技术价值行为普遍偏低，进一步的分析表明行为偏低的原因有两个方面，一是农村家长没有较多的信息化设备，有些家庭甚至连基本的电

脑也没有；二是拥有较多电脑设备的城市家长，也没有表现出较高的信息技术行为。

针对第二个方面，我们采访了很多城市家长，发现虽然他们家庭计算机的拥有量显著高于农村，而且很多家长在自己的工作单位也拥有完善的信息技术设施，但他们的价值行为之所以偏低，有两个方面的原因：第一，自己的工作不属于教育领域（本研究把信息技术的价值观定位在教育领域）；第二，自己的信息技术操作技能受限。由于在工作单位都有专门的工作人员负责相关工作，很多家长在工作中仅限于使用信息技术接收、传送和打印文件。因此，利用各地的信息化办公室，为城市家长提供相关的信息技术培训和技术支持，就显得至关重要。要在培训中不断提高他们对信息技术价值的认识，使他们能够养成科学合理的信息技术价值判断和态度，进而提高其信息技术行为，从而形成科学的信息技术价值观。

比如举办以社区为中心推进信息技术的活动，让广大家长在具有信息化时代特征的活动中，共同体验和交流信息技术所带来的各种效应，从而为其科学信息技术价值观的形成奠定基础；同时可以加强城乡交流，建立网络交流平台，让农村家长和城市家长有更多的机会进行交流和沟通，交流信息技术的各种价值对自身发展和学生发展的作用，在活动中不断提高对信息技术价值的全面认识，进而形成科学的信息技术价值观。

2. 学校实施技术支持人员的专业化，为教师和学生提供有效的技术支持

当前由于很多学校没有专门的技术支持人员，大部分都是其他人员兼任，而兼职人员的工作繁忙却没有报酬或报酬很低，这就导致他们对技术支持的热情有减无增，因此广大教师和学生就缺乏相应的技术指导和技术支持。为此，学校应该实施技术支持人员的专业化，建立科学规范的技术支持人员制度。首先，明确技术支持人员的工作职责，学校的技术支持人员不仅仅是管理和维护设备，而应该为教师实施信息化教学提供必需的信息技术培训、信息化资源、协助教师对学生的信息化学习进行管理和评价，并能为教师和学生的信息技术实践活动提供指导。其次，切实提高技术支持人员的待遇问题，比如教育主管部门可以建立针对技术支持人员的人事管理制度和职称评定体制，激发技术支持人员的工作热情[1]。有了专业的技术支持，将有助于促进教师和学生的信息技术价值行为的发生，而在信息技术实践中又会逐步获得对信息技术价值的完整认识，从而逐渐形成科学的信息技术价值观。

除此之外，学校应该创造条件，举行各种校本培训，举办以信息技术应用为主的比赛活动，举行信息技术案例比赛等，在这些培训和活动中，让技术支持人员参与全过程，并进行指导和评价，共同促进教师和学生的科学信息技术价值观形成。

（三）信息技术软硬件资源的建设和管理

学校软硬件资源的建设和管理对教师和学生的信息技术价值观影响较大，为了给他们提供良好的资源环境，学校应该采取有特色的资源建设和管理办法。对资源建设来说，可以有多种途径，如及时购买教师所需的信息化资源、组织教师进行开发校本资源、通过网络积累合适的资源等。通过这些途径，逐步建设起丰富的合理的学科资源库，并放在校园网，方便师生使用，为促进他们的信息技术行为奠定资源基础。

---

〔1〕 王春蕾. 影响信息技术在中小学教育中应用的有效性的因素研究［D］. 北京师范大学，2004：55.

建设好完备的资源是基础，而对信息资源的管理方式是接下来的关键一步，因为这种管理方式会通过影响教师和学生的信息技术价值行为而影响到他们的信息技术价值观。为了进一步促进师生的信息技术行为，信息化资源的管理必须实施开放式管理，以方便应用而不是方便管理为最终目的。

首先，学校可以为教师和学生提供随时可以使用的信息化资源和设施。访谈中发现很多高校都建立了面向学生的开放式实验室，学生在这些开放式实验室里可以按照自己的学习需要使用相关的信息化资源，同时还能保证相关设备的良好运转，访谈中，这些学生不仅能全面认识到信息技术的各项价值，而且通过他们的价值行为，他们还不断创造出新的价值，这就为科学信息技术价值观的养成提供了良好的基础。其次，学校可以为本地学生家长提供开放的信息化设施和资源。研究过程中我们发现一所乡镇中学把学校的机房向本校学生家长开放，还为他们提供相关的技术支持和培训，对这些学生及其家长的深度访谈证明，他们不仅更认可信息技术的各项价值，而且其价值行为发生的频率也显著高于其他学校的学生和家长。

（四）加强家校合作，提高家长对信息技术教学价值的认识

在研究之初，课题组大多数成员，甚至接受访谈的一些专家都认为城市家长的信息技术价值观肯定比农村家长更科学，高学历家长的信息技术价值观会比低学历家长更合理。然而，研究结果表明，在元结构维度上，城乡和学历分布对家长的信息技术价值观并没有表现出显著差异。而在内容维度上，城市家长对信息技术教学价值的价值态度反而低于农村家长，低学历的家长更认可信息技术的教学价值。因此，要促进信息技术教学价值的有效合理发挥，必须提高全体家长对信息技术教学价值的认识。

如何提高这些家长对信息技术教学价值的认识呢？从访谈来看家长之所以不认可信息技术的教学价值，大多是担心信息技术的负面价值，解决这个问题可以通过学校的家校合作。比如学校通过开放课程，邀请家长参与到学校的某些教学活动中，让家长看到信息技术应用于教学对孩子的学习、成长和未来发展带来的积极变化和潜在作用，同时也让家长目睹那些能够熟练使用信息技术的孩子如何更好地促进自己的学习。通过这种多次的家校合作，将有助于提高家长对信息技术教学价值的认识，促进他们全面了解信息技术的价值，从而为形成科学的信息技术价值观奠定基础。

三、基于微观因素的培养策略——促进内化

微观层面的策略主要涉及到各类主体自身，这些培养策略强调通过主体自身的努力，使个人的信息技术价值观逐步内化为自身价值体系的一部分，并能根据自己的时间和需要主动地、自觉地应用信息技术，发挥信息技术的价值，并能利用信息技术不断创造出更大的价值。

（一）转变思想，全面认识信息技术的各项价值

在信息化社会中，任何人都受到信息技术飞速发展的影响，尽管有时这种影响是消极的、负面的，但是，只要使用得当，信息技术对社会和人的发展都是一种积极的促进。因此，人们要逐渐接纳和认可信息技术正面的效应，并通过个人的信息技术实践发挥信息技术的价值，适应信息化社会发展的需要。

1. 教师要树立信息时代的教育教学理念

科学技术的突飞发展、知识更新的日新月异使当代社会成为一个高速发展的动态社会，这样的社会要求教育教学的任务是动态多样的，教育教学活动必须致力于促进学习者的全面发展和价值的实现。因此，教师必须树立信息技术时代的教育观念，要在利用信息技术进行教学的同时关注学生的发展、关注新型师生关系的构建，关注各个学生的全面发展。教师要正确认识信息技术对促进教师专业发展和学生未来发展的积极作用，特别是要对信息技术内容维度的各项价值有全面的认识，不仅关注信息技术的教学价值，更要关注信息技术的发展价值、管理价值等其他方面，而且不能因为信息技术的负面影响而停止对其合理的运用，而应该从不合理的应用中寻找原因，在新型教学理念的指导下，逐步产生科学的价值行为，逐渐养成科学的信息技术价值观。

2. 学生要树立数字化学习的理念

随着信息技术日新月异的发展，我们已经进入了数字化时代，数字化学习已经成为一种重要的学习方式。这种学习方式要求充分利用数字化平台和数字化资源，在教师、学生之间开展协商讨论、合作学习，并通过对资源的收集利用、探究知识、发现知识、创造知识以及展示知识的方式进行学习。因此，数字化学习要求学习者必须掌握一定的信息技术，并能充分利用信息技术，发挥信息技术的各项价值，学生要树立数字化学习的理念，从提高对信息化社会的适应和生存能力出发，不仅仅关注信息技术的娱乐价值，更要充分认识到信息技术对个人知识管理和未来发展的全面作用，把信息技术作为个人认知的工具、作为知识建构和协商交流的工具，在数字化学习过程中逐渐养成科学的信息技术价值观。

3. 家长要逐步转变家庭教育观念

现代家庭教育观念认为家长不仅仅是教育者而是共同的学习者，特别强调家长在教育内容上要转变观念，不能局限于小教育，而要与时代对人才素质的要求同步，在大教育的平台上对孩子进行教育，以利于孩子今后更好地适应社会[1]。信息社会对学生的数字化学习和生存能力提出了新的要求，这就要求家长必须在现代家庭教育理念的指导下，引导学生全面科学的认识信息技术，正确对待孩子利用信息技术的娱乐行为，不能一概而论，只看到信息技术的负面效应。比如，当前教育游戏有很好的教育价值，能让孩子从“玩”中学，因此家长可以与孩子一起，通过“玩”游戏，掌握知识、发展技能、转变态度；帮助爱上网的孩子建立并用好个人博客，支持他们开展基于网络的探究性学习，在不限制孩子娱乐价值行为的同时，引导他们发挥信息技术的其他价值。家长要在逐步转变家庭教育观念，与孩子共同体验信息技术价值的过程中，养成科学的信息技术价值观。

（二）不断学习，提升个人信息素养

信息时代是一个用计算机把人们网到一起的时代。“数字家庭”“数字学校”正向我们扑面而来。对学生而言，计算机和网络已成为他们学习生活的“常规武器”。而对于教师和家长来说飞速发展的互联网技术在“逼”着我们每个人去学新东西，去认识我们以前看

[1] 叶炳昌. 现代家庭教育与传统家庭教育的五大转变 [N]. 文汇报，2006-08-21.

不到，想不到的东西[1]。在技术快速发展的信息时代，教师家长和学生都必须不断学习，才能逐步提高个人的信息素养，不仅要获得对信息技术价值的科学合理认识，更要产生符合要求的价值行为。

1. 教师的学习

目前教师对信息技术的学习热情是高于家长的，为了进一步提高自身的信息素养，教师要进行多方面的尝试，采取不同的方式参与信息活动。

首先要积极参加各级各类信息技术或教育技术培训活动，尤其注重参加校本培训，并努力把培训中所学的知识、技能或态度转化为后期的实践活动。

其次可以通过网上的视频教程学习一些对教学有用的最新技术操作，特别是学校资源库和网络上的优秀教学案例，通过观摩和学习，增进对信息技术的认识，获得更为合理的信息技术价值判断和态度，并力争在实践中施行，获得信息技术行为的统一。

第三可以参加网络论坛或者虚拟社区，目前网络上活跃着一大批优秀的信息技术论坛和社区，还有很多优秀的博客和博客群，教师积极参与其中，可以获得同行和专家的指点，在网络大环境中领悟信息技术的各项价值，获取信息技术的不同应用方式，从而逐步提高个人的信息素养，形成日趋合理的信息技术价值观。

另外，还可以参加各级教研部门组织的网络教研研讨活动等，在各种途径中不断合理运用信息技术，提高对信息技术的价值判断和价值态度，促进信息技术价值行为的发生，最终达到这三者之间科学合理的有机统一。

2. 家长的学习

家长学习信息技术的途径更加灵活多样，如可以像教师那样积极参加专门组织的培训，如果没有参与培训的机会，也可以通过网络这个大课堂进行自主学习。除此之外，家长还可以通过以下策略逐步提高个人信息素养。

首先，通过电视、广播乃至网络等大众传媒了解信息技术的最新发展，开阔眼界。当然对于信息技术操作一无所知的家长还需要向有关人员学习计算机的初步知识，或阅读一些关于计算机基本操作的书籍，确保自己能够自己独立操作计算机，以此作为提高信息素养的基础。

其次，多向别人尤其是自己的孩子学习，因为孩子具有学习信息技术的先天优势，而且在学习的过程中可以与孩子共同进步，当然还要学会分享，与其他人尤其是自己的孩子定期分享信息技术学习和应用的体会，对于家长和学生信息技术价值观的培养都具有积极的促进作用。

第三，积极参加社区组织的信息技术活动，在活动中增强与其他家长的相互交流，学习其他家长科学的信息技术应用方式，不断提高自身对信息技术价值的认识和感悟。

家长要通过各种途径，积极探索信息化时代应该具备的基本素质，不断提高信息素养，为科学信息技术价值观的养成做好铺垫和基础。

3. 学生的学习

上述家长和教师的学习信息技术的过程，很多方面都需要学生的参与，这也有助于促

---

[1] 陈展红等. 面对网络，父母该做点什么 [M]. 北京：学苑出版社，2004：215-218.

进学生信息技术价值观的培养。除此之外，学生还可以从以下方面学习信息技术，提高信息素养。

首先，充分利用学校信息技术相关课程的独特优势，比如中小学的《信息技术》、大学的《计算机基础》、《现代教育技术》等课程，通过这些课程学生不仅掌握基本的信息技术操作技能，还能对信息技术的各项价值获得越来越科学、全面的认识。

其次，积极参加各种信息技术实践活动，比如参加各种信息技术比赛活动，在学科学习中利用信息技术进行自主学习，积极参加网络环境下的合作探究学习等，通过这些活动逐步形成符合社会需要的价值行为。通过种种途径，逐渐形成科学的信息技术价值观。

第三，在学习中充分运用信息技术，如从网络查阅资料，下载学习软件等，让信息技术成为生活和学习中的好帮手，不断发现信息技术的价值，并且用在学习、发展、管理、娱乐等各个方面，全面认识信息技术的价值，并做到价值判断、价值态度和行为的统一。

（三）敢于尝试，践行信息技术的价值

信息技术价值观是在实践中形成的，因此各类主体必须在实践中敢于尝试，在具体的信息技术实践活动中体验和践行信息技术的价值。

1. 教师在教学中有效应用信息技术

教师在教学实践中多应用信息技术，在教学、管理、合作、交流等各个方面促进信息技术的合理运用。第一，要指导学生利用信息技术进行学习，如网络查找资源、网上提交作业等，不仅有效应用信息技术，更能促进学生信息技术价值观的养成。第二，充分利用学校的教育管理信息化系统，实现对学生学籍和学业成绩管理的信息化管理。第三，利用家校合作平台与家长进行有效地沟通，利用数字化学习平台指导学生开展基于网络的研究型学习。第四，积极参与各级网络教研活动，把信息技术作为个人专业发展的有效工具。

总之教师应尽可能地联系实际，收集信息技术在社会各个领域中的各种典型应用实例，在教学实践中展示其信息技术技术的种种价值，不仅能帮助自己树立科学的信息技术价值观，还能使学生了解并受到感染，激发自己学习信息技术的热情，提高价值态度，促进学生价值行为的发生。

2. 学生在学习中有效应用信息技术

调查发现，很多学生过多地关注信息技术的娱乐价值，而忽视了信息技术在个人学习中的应用，从而导致很多家长担心使用计算机会影响学生的学习。为此，学生要从自我实践做起，在学习中有效应用信息技术。首先，通过网络探究高质量地完成各项学习任务，把信息技术作为个人学习的重要工具，体验并践行信息技术的教学价值；其次，利用网络听取专家的讲座或参与网络课堂，从而扩展个人视野，体验信息技术的发展价值和经济价值；最后，利用信息技术帮助教师收集并整理资料，也是践行信息技术价值的良好时机。当然，学生在学习中应用信息技术的机会很多，如发展个人爱好、获取更多的课程资源，甚至帮助父母下载或安装所需的计算机软件，这些活动不仅能帮助学生形成对信息技术价值的合理判断和态度，也能提高价值行为的数量和质量，而且对家长科学信息技术价值观的形成也是一种积极的影响和促进。

3. 家长积极探索使用信息技术的良好习惯

家长使用信息技术的良好习惯对于家长本身和学生的信息技术价值观都会产生重要影

响。因此家长的信息技术实践应该从探索良好的信息技术使用习惯开始。首先，家长要做好榜样示范，不要经常使用计算机玩游戏，这样会对学生产生不良影响。其次，家长可以和孩子一起积极探索信息技术给生活和工作带来的便利，比如从简单的浏览新闻，到更贴近实际生活的网上购物，再到深入的信息搜索和整理。再次，家长不应当盲目禁止学生使用计算机，而应当进行正确、积极的引导；最后，家长还可以积极参与到学校组织的各种信息技术比赛中，和学生一起探索信息技术的创新应用；家长也要积极参与社区活动，积极运用信息技术解决工作和生活的问题，逐步形成符合信息化时代特征的信息技术价值观。

以上，我们结合不同的影响因素和信息技术价值观的形成过程，针对不同的主体提出了不同的培养策略，这些策略不是孤立存在的，而是相互联系、相互制约，构成了一个动态的整体。这些培养策略从宏观到中观和微观，基本符合了信息技术价值观形成的一般规律：服从－同化－内化。通过不同层面上的工作，使得信息技术价值观培养成为一个有机统一的整体，其中很多策略都充分体现了教师、学生和家长的关联，确保了信息技术价值观培养的统一性，而所有的培养策略都综合考虑了信息技术价值观元结构维度的不同层次和内容维度的各个方面，充分考虑了不同主体的客观情况，从而确保了这些培养策略的针对性和科学性。尽管这些培养策略尚未进行大面积的实施，但是，在实践中，我们曾经从中观和微观策略入手，对一些学校和家庭，以及所熟悉的教师、家长和学生提出过这些建议，从他们的反馈来看，很多策略对科学价值观的形成都起到了积极的促进作用。

随着社会的不断发展、技术的日益进步、人们的认识水平和信息素养水平会逐步提高，人们的信息技术实践活动也会进一步深化，信息技术价值观的培养策略也应该随之发生变化。因此，我们需要用唯物主义的辩证观看待信息技术价值观培养。唯有如此，才能确保信息技术价值观的科学性与合理性。

附录1 教师量表中的问题描述

教师量表共设计52个题项，其中，在内容维度上的分布情况如下，经济价值8个题项，管理价值5个题项，娱乐价值3个题项，发展价值27项，教学价值9项，在元结构维度上的分布情况。

一、经济价值

（一）判断

1. 学生运用信息技术能提高学习效率
2. 教师在教学中运用信息技术能提高学生的学习效率
3. 利用网络与别人共享教育资源能节约时间和金钱

（二）态度

1. 我愿意参加信息技术应用比赛
2. 我愿意在教学中运用信息技术
3. 我愿意与别人共享个人制作的教学课件、专题网站等教学资源

（三）行为

1. 我经常使用信息技术手段来活跃课堂气氛
2. 我经常利用网络下载别人的教学课件、优秀教案等教学资源

二、管理价值

（一）判断

1. 运用信息技术能更好地管理教学活动
2. 运用信息技术能提高管理效率

（二）态度

1. 我愿意运用信息技术来管理教学活动
2. 我支持学校的管理信息化

（三）行为

1. 我经常鼓励学生建立自己的网络空间

三、娱乐价值

（一）判断

1. 运信息技术具有娱乐价值

（二）态度

1. 我愿意运用信息技术进行娱乐活动

（三）行为

1. 我经常运用信息技术进行娱乐活动，如听音乐、看电影、玩游戏等

四、发展价值

（一）判断

1. 网上的优秀动画、图片等艺术作品能提高审美能力
2. 运用信息技术能促进我与他人的交流
3. 运用信息技术能促进我和学生之间的情感交流
4. 熟练运用信息技术可以获得周围人的尊重
5. 运用信息技术能提高自己的创新能力
6. 运用信息技术能提高学生的创造力
7. 信息技术有助于学生更好地完成小发明，小创造
8. 运用信息技术有助于学生的思想品德教育
9. 有些网络故事有助于培养学生的诚信、责任心等良好道德品质
10. 运用信息技术能促进教师专业发展

（二）态度

1. 我愿意在网上浏览一些艺术作品
2. 我愿意运用网络与其他教师交流
3. 我愿意通过运用信息技术来提高自己的声望
4. 我愿意运用信息技术进行教学创新活动
5. 我愿意运用信息技术形成自己的教学风格
6. 我支持学生参加各种与信息技术相关的比赛
7. 我支持学生借助信息技术完成小发明、小创造
8. 我支持学生利用网络宣传、发表爱国主义言论
9. 我愿意运用信息技术增长专业知识，提高专业技能

（三）行为

1. 我经常利用信息技术来提高教学的艺术性
2. 我过网络认识了更多的教师
3. 我经常运用信息技术促进师生之间的情感交流
4. 我经常鼓励学生参加信息技术比赛
5. 我经常鼓励学生参加网络公益活动
6. 我经常通过网络查找好的教学方法
7. 我经常运用信息技术促进专业发展
8. 我不断运用信息技术探索新的教学方式

五、教学价值

（一）判断

1. 信息技术能够创造良好的教学环境
2. 网络或光盘可以给学生提供更丰富的学习资源
3. 网络或光盘资源可以给学生提供学习指导
4. 网络可以给学生提供更多学习伙伴

（二）态度

1. 我愿意运用信息技术来创建更好的教学环境
2. 我支持学生参加基于网络的研究性学习

（三）行为

1. 我经常利用网络教室引导学生自主学习
2. 我经常通过网络指导学生学习
3. 我经常鼓励学生通过网络结识更多的学习伙伴

附录 2　家长量表中的问题描述

最初，家长量表共设计 53 个题项，其中，在内容维度上的分布情况为：经济价值 6 项，管理价值 3 项，娱乐价值 7 项，发展价值 20 项，教学价值 17 项，在元结构维度上的分布情况如下。

一、经济价值共 6 个题项

（一）价值判断 2 项

1. 我认为孩子使用计算机学习可以节约很多时间
2. 我认为孩子使用计算机网络可以获得很多优秀的学习材料和教师指导，节约金钱

（二）价值态度 2 项

1. 我支持给孩子购买计算机
2. 我支持孩子利用计算机学习

（三）价值行为 2 项

1. 我经常鼓励孩子使用计算机听名师讲课
2. 我经常和孩子一起利用计算机查找学习资料下载资源

二、管理价值，共 3 项

（一）价值态度 1 项

1. 我支持学校的管理信息化

（二）价值行为 2 项

1. 我经常鼓励孩子建立自己的网络空间（QQ、电子邮箱、个人主页、博客日志）
2. 我帮助孩子建立了成长博客

三、娱乐价值，共 7 项

（一）价值判断 1 项

1. 我认为计算机网络能够丰富孩子的业余生活

（二）价值态度 2 项

1 我支持孩子课余时间利用计算机进行娱乐活动

2. 我支持孩子在课余时间玩计算机游戏

（三）价值行为 4 项

1. 我经常和孩子在课余时间一起利用计算机看电影

2. 我经常和孩子在课余时间一起利用计算机听音乐
3. 我经常和孩子在课余时间一起玩计算机游戏
4. 我限制孩子上网或玩计算机游戏

四、发展价值，共 20 项

（一）价值判断 11 项

1. 我认为网络上很多法律故事可以对孩子进行法律教育
2. 我认为网络能帮助孩子获取生活常识，了解社会
3. 我认为孩子在网上与人交流有助于提高孩子的责任心
4. 我认为有些网络故事有助于培养孩子的诚信、责任心等良好道德品质
5. 我认为通过网络可以提高孩子的交往能力、扩大交往范围
6. 我认为不规范的网络语言不利于孩子语言能力的健康发展
7. 我认为学会使用计算机对孩子的将来有帮助
8. 我认为计算机和网络有助于发展孩子的个人爱好
9. 我认为网上的优秀动画、图片等艺术作品有助于提高孩子的审美能力
10. 我认为开展计算机教育有助于提高孩子的创造能力
11. 我认为网络上有些内容不利于孩子的健康发展

（二）价值态度 5 项

1. 支持孩子利用网络宣传、发表爱国主义言论
2. 我支持孩子在网上浏览一些艺术作品
3. 我支持孩子通过计算机学习职业技能
4. 我支持孩子参加各种与计算机相关的比赛
5. 我支持孩子利用计算机完成小发明、小创造

（三）价值行为 4 项

1. 我经常和孩子一起讨论从网络上看到的国家时事和社会现象
2. 我经常鼓励孩子通过网络与优秀教师建立联系
3. 我经常通过网络查找教育子女的方法
4. 我经常在网络的帮助下解答孩子的一些问题

五、教学价值共 17 项

（一）价值判断 12 项

1. 我认为孩子利用计算机学习可以提高学习兴趣，对孩子帮助很大
2. 我认为计算机网络能够为孩子创建一个良好的学习环境
3. 我认为网络或光盘可以给孩子提供更丰富的学习资源
4. 我认为通过网络或光盘资源可以给孩子提供学习指导
5. 我认为网络可以给孩子提供更多学习伙伴
6. 我认为利用计算机资源的学习能促进对知识的深入理解
7. 我认为孩子利用计算机学习能提高自主学习能力

8. 我认为孩子利用计算机网络学习有助于尝试新的学习方式，以获得更好的学习方法

9. 我认为利用计算机能促进孩子对信息技术知识的应用

10. 我认为网络可以帮助我找到一些更好的方法教育子女

11. 我认为网络能帮助我解答孩子提出的一些问题

12. 我认为孩子经常玩计算机游戏、上网会上瘾，进而影响他的学习

（二）价值态度 3 项

1. 我支持孩子通过网校辅助学习

2. 我支持孩子通过网络与教师、同学交流

3. 我支持孩子参加基于网络的研究性学习

（三）价值行为 2 项

1. 我经常指导孩子利用计算机学习

2. 我曾经帮助孩子利用计算机完成一些学习项目

附录3　学生量表中的问题描述

学生量表共设计47个题项，其中，在内容维度上的分布情况为：经济价值6项，管理价值6项，娱乐价值3项，发展价值23项，教学价值9项，在元结构维度上的分布情况如下。

一、经济价值共6个题项

（一）价值判断3项

1. 我认为使用信息技术能够方便快捷地浏览学习资料，节约很多时间

2. 我认为使用计算机网络可以免费获取学习资料和教师指导等资源

3. 我认为利用信息技术学习可以提高学习效率

（二）价值态度1项

1. 我愿意使用信息技术下载免费资源

（三）价值行为2项

1. 我经常使用信息技术下载免费资源

2. 我经常凭借自己的信息技术技能获得物质回报和奖励

二、管理价值，共6项

（一）价值判断1项

1. 我认为使用信息技术更利于和他人共享知识

（一）价值态度2项

1. 我愿意使用信息技术和他人共享知识

2. 我支持学校的管理信息化

（二）价值行为3项

1. 我经常使用信息技术和他人共享知识

2. 我经常使用博客

3. 我经常使用学校的学生管理信息化系统查询个人档案信息、考试成绩、课程安排等

三、娱乐价值，共3项

（一）价值判断1项

1. 我认为网络能够丰富我的课余生活

（二）价值态度 1 **项**

1. 我喜欢利用信息技术看电影、听音乐、玩游戏

（三）价值行为 1 **项**

1. 我经常在课余时间使用信息技术进行娱乐活动

四、发展价值，共 20 项

（一）价值判断 9 **项**

1. 我认为网上的优秀动画、图片等艺术作品有助于提高我的审美能力
2. 我认为通过网络能够帮助我获取生活常识，了解社会
3. 我认为使用计算机网络能够扩大交往范围，接触和认识更多的人
4. 我认为与现实生活相比，使用网络交友更容易
5. 我认为网络形成的虚拟社会降低我在现实生活中的人际交往能力
6. 我认为在网络虚拟环境中更容易获得情感交流、尊重和满足感
7. 我认为信息技术有助于提高我的创造能力
8. 我认为有些网络故事有助于培养我的诚信、责任心等良好道德品质
9. 我认为学会使用信息技术对我将来的职业有帮助

（二）价值态度 7 **项**

1. 我愿意在网上欣赏绘画、书法、雕塑、音乐、图片、电影等艺术作品
2. 我愿意通过信息技术来获取生活常识，了解社会新闻和现象
3. 我愿意使用信息技术同其他人进行交流
4. 我愿意通过网络向老师、同学和他人袒露我的心扉
5. 我愿意使用信息技术来提高我的创造能力
6. 我愿意在网络世界中自觉遵守网络道德规范
7. 我愿意学习信息技术以便为我将来的职业做好准备

（三）价值行为 7 **项**

1. 我经常在网上观看绘画、书法、雕塑、音乐、图片、电影等艺术作品
2. 我经常使用信息技术和他人交流
3. 我经常在网络中获得尊重和满足
4. 我经常借助信息技术完成一些小发明和小制作
5. 在使用网络聊天时，我经常遇到其他网友的恶意攻击
6. 我在网上不如现实中遵守道德规范，如会说脏话，会撒谎等
7. 我经常使用信息技术扩大我的交往范围

五、教学价值共 9 项

（一）价值判断 4 **项**

1. 我认为利用信息技术能改进我的学习方法
2. 我认为利用信息技术能够提高我的学习兴趣
3. 我认为老师使用信息技术手段上课能够提高我的学习效果

4. 我认为利用信息技术能提高我的自主学习能力

（二）价值态度 2 项

1. 我愿意使用信息技术来学习
2. 我喜欢教师使用信息技术手段教学

（三）价值行为 3 项

1. 我经常参加网校学习
2. 我经常沉迷于信息技术，导致学习成绩下降
3. 我经常使用信息技术学习

主要参考文献

曹建平，龙伟. 论高校教师信息行为及其有效性 [J]. 湖南环境生物职业技术学院学报，2007 (3)：79-81.

陈国鹏，刘玲等. 小学生自我概念量表的制定 [J]. 中国临床心理学杂志，2005 (4)：389-391.

陈展红等. 面对网络，父母该做点什么 [M]. 北京：学苑出版社，2004.

戴维 oK. 希尔德布兰德. 社会统计方法与技术-社会统计学译丛 [M]. 北京：社会科学文献出版社，2005.

董步学，徐慧诠. 大学生价值观形成的内化机制与教育引导 [J]. 江西教育学院学报 (社会科学)，2007 (10)：51.

杜齐才. 价值与价值观念 [M]. 广州：广东人民出版社，1987.

杜奇才著. 价值与价值观念 [M]. 广州：广东人民出版社，1987：102-103.

段伟文. 技术的价值负载与伦理反思 [J]. 自然辩证法研究，2000 (8)：30-33.

风笑天. 社会调查中的问卷设计 [M]. 天津：天津人民出版社，2001.

风笑天. 现代社会调查方法 [M]. 武汉：华中科技大学出版社，2004.

冯波. 中小学学校价值观研究 [D]. 中国优秀硕士学位论文全文数据库，2007 (1).

冯天敏等. 山东教育信息化建设与应用现状 [J]. 中小学信息技术教育，2008 (8)：19-23.

高祥宝. 数据分析与 SPSS 应用 [M]. 北京：清华大学出版社，2007.

龚建林，陈雪梅. 论当代大学生价值观念的变化及其影响因素 [J]. 广东工业大学学报 (社会科学版)，2002 (6)：67.

郭凤志. 价值、价值观念、价值观概念辨析 [J]. 东北师大学报 (哲学社会科学版)，2003 (6)：41.

郭强. 调查实战指南，问卷设计手册 [M]. 北京：中国时代经济出版社，2004.

郭胜伟. 探析技术的内在价值和外在价值 [J]. 湖北行政学院学报，2002 (1)：69-73.

海本斋. 高校教师信息技术素质的培养与提高 [J]. 实验室科学，2008 (1)：187-188.

何国正. 科学技术是一把双刃剑?. 湖北财经高等专科学校学报. 2005 (12).

贺腾飞，肖海雁. 当代青年职业价值观问题研究 [J]. 太原科技，2008 (5)：27-29.

惠保德. 价值观的形成规律与当代青年价值观现状 [J]. 郑州轻工业学院学报 (社会科学版)，2002 (6)：72-74.

江畅. 论价值观念 [J]. 人文杂志，1998 (1)：20.

荆筱槐，陈凡. 芬伯格的技术价值观理论解析 [J]. 东北大学学报 (社会科学版)，2007 (4)：294-298.

荆筱槐. 技术观与技术价值观的概念辨析 [J]. 辽宁师专学报 (社科版)，2007 (4)：3-5.

黎加厚. 教育信息化，我们如何应对 [J]. 上海教育，2002 (17)：47-48.

黎加厚. 信息化时代的" 学习准备期" [J]. 远程教育研究，2007 (5)：79.

李长吉. 教学价值观念论 [M]. 兰州：甘肃教育出版社. 2004.

李德学，张连良. 价值的本质及价值观的有机构成 [J]. 人文杂志，2002 (4)：31.

李福海，雷咏雪. 主体论 [M]. 西安：陕西人民教育出版，1990.

李国俊，周宾. 全球价值与技术价值观转向 [J]. 自然辩证法研究，2004 (6)：78-81.

李宏伟，王前. 技术价值特点分析 [J]. 科学技术与辩证法，2001 (4)：41-43.

李宏伟. 技术的价值观 [J]. 自然辩证法通讯，2005 (5)：13-15.

李宏伟. 技术价值系统分析 [J]. 自然辩证法通讯，2003 (1)：10-16.

李华，杨闯建等. 当代体育价值观基础理论研究 [J]. 武汉体育学院学报，2004 (6)：30-32.

李华等. 当代体育价值观基础理论研究 [J]. 武汉体育学院学报，2004 (6)：30-32.

李健锋. 价值和价值观 [M]. 西安：陕西师范大学出版社，1988.

李娟. 中小学教师信息技术价值观研究 . 中国优秀硕士学位论文全文数据库. 2009-04-01.

李儒林. 适用于大学生人际价值观量表的编制 [J]. 中国临床康复，2006 (34)：41-43.

李艺，颜士刚. 论技术教育价值问题的困境与出路 [J]. 电化教育研究，2007 (8)：9-12.

林坚，黄婷．科学技术的价值负载与社会责任．中国人民大学学报．2006（2）．
刘健，科学教育中情感态度与价值观几方面的关系．http：//195375．vcmblog．com/archives/2006/140019．html．
刘美凤，王春蕾等．信息技术教育应用的必要性及其评判标准［J］．北京师范大学学报（社会科学版），2007（5）：28－33．
刘蔚玲．信息技术对人类社会生活的影响．科技进步与对策．2001（8）．
刘旭东．论高校教师发展如何符合信息时代的要求［J］．陕西教育，2008（2）：89．
刘永富．价值哲学的新视野［M］．北京：中国社会科学出版社，2002．
卢佩霞，李奋，叶群荣．信息化对高校教师教育观念的影响［J］．浙江交通职业技术学院学报，2002（12）：61－63．
卢淑华．社会统计学［M］．北京：北京大学出版社，1989．
卢漪，杨红英等．知识经济呼唤信息化教育［J］．云南高教研究，1999（4）：4－7．
鲁洁等．教育社会学［M］．北京：人民教育出版社，1990．
余卫国．略论价值观念更新的主体性与客体性［J］．理论导刊，2004（2）：48－49．
罗应婷．SPSS统计分析从基础到实践［M］．北京：电子工业出版社，2007．
罗增让．电脑游戏对青少年负面影响的相关研究述评．青少年研究．2003（1）．
马克思恩格斯全集（第19卷）［M］．北京：人民出版社，1979．
马亮．信息技术在教育管理中的应用［J］．基础教育参考，2007（4）：4－7．
马宁，余胜泉．信息技术与课程整合的层次［J］．中国电化教育，2002（1）：9－13．
梅家驹．教育技术的价值观［J］．电化教育研究，2005（2）：3－5．
米小琴．社会统计学与实务［M］．北京：清华大学出版社，2008．
潘博．马克思的技术价值观［J］．职业技术，2006（24）：57．
潘娟，瞿堃．浅议教育技术的价值［J］．远程教育杂志，2008（1）：36－39．
潘胜．信息负效应引起的关于信息环境优化的研究．中国优秀硕士学位论文全文数据库．2005－05－01．
阮青著．价值哲学［M］．北京：中共小央党校出版社，2004（8）：277－278．
尚杰．网络技术与后现代哲学．哲学动态．2005（5）．
佘正荣．后人类主义技术价值观探究［J］．自然辩证法通讯，2008（1）：95－100．
盛春辉．从价值观形成的规律看价值观教育［J］．求索，2003（4）：61－63．
陶红．教育价值观的研究．中国博士学位论文全文数据库．2005－08－26．
汪辉勇．关于价值观的哲学考察［J］．湘潭大学社会科学学报，2002（1）：43．
汪晓红．对当代大学生价值观演变的分析与思考．中国优秀硕士学位论文全文数据库．2005－05－01．
王春蕾，刘美凤．宏观因素对信息技术在中小学教育中应用的有效性实现的影响［J］．现代教育技术，2007（11）：93－96．
王俊明．调查问卷与量表的编制及分析方法［OB/DL］．www．chinacaehr．com/chinacae2008/UploadFile，2006－11－11．
王明锋．中小学体育教师价值观初探［J］．湖北广播电视大学学报，2009（2）：141－142．
王淑慧，郝静．教育技术的价值与价值观研究［J］．软件导刊（教育技术导刊），2007（6）：4－5．
王永昌．价值哲学论纲［J］．人文杂志，1986（5）：19－28．
王玉墚主编．价值和价值观［M］．西安：陕西师范大学出版社，1988：23．
吴明隆．SPSS统计应用实务［M］．北京：中国铁道出版社，2000．
吴向东．论价值观的形成与选择［J］．哲学研究，2008（5）：22－28．
辛志勇，金盛华．大学生的价值观概念与价值观结构［J］．高等教育研究，2006（2）：86．
许加明．Rokeach《价值观调查量表》（The Value Survey）的修订［J］．山东教育学院学报，2005（4）：10－15．
许汝罗．青年不同时期人生观、价值观形成规律初探［J］．思想理论教育导刊，2008（3）：75－78．
颜士刚，李艺．教育领域中科学的技术价值观问题探索［J］．中国电化教育，2008（4）：7－11．
颜士刚，李艺．教育领域中科学的技术价值观问题探索［J］．中国电化教育，2008（4）：71－75．
颜士刚，李艺．论技术教育化是技术教育价值的创造和累积［J］．电化教育研究，2008（3）：5－13．

颜士刚，李艺．论教育技术化是技术教育价值的实现和彰显［J］．电化教育研究，2007（12）：9－11．
颜士刚，李艺．论有关技术价值问题的两个过程＿社会技术化和技术社会化［J］．科学技术与辩证法，2007（1）：82－85．
颜士刚．技术的教育价值的实现与创造研究［D］．中国博士学位论文全文数据库，2007（8）．
颜士刚．技术支持教育的哲学思考＿教育基元论［J］．电化教育研究，2003（2）：7－10．
杨凤梅，蒲瑞霞．网络环境下的备课模式探究［J］．中小学信息技术教育，2005（9）：7－9．
杨改学，张炳林．信息时代教育的思考［J］．西北师大学报（社会科学版），2007（6）：76－78．
杨小华．技术价值论＿作为技术哲学范式的兴衰＿围绕技术与价值问题进行的分析［J］．自然辩证法研究，2007（1）：40－43．
叶松庆．当代未成年人价值观的演变特点与影响因素［J］．青年研究，2006（12）：1．
余建英，何旭宏．数据统计分析与 spss 应用［M］．北京：人民邮电出版社，2003．
袁贵仁．价值观念与价值认识［M］．人文杂志，1987（3）：23．
远航．技术的价值负荷过程［J］．自然辩证法研究，2003（12）：31－33．
翟源静．从科学应用的两面性看科学的价值取向．新疆社科论坛．2002（5）
张景生，谢星海．浅论教育技术价值观［J］．电化教育研究，2004（11）：26－29．
张玲．论现代信息技术对社会的影响．决策管理．2006（5）．
张铃，傅畅梅．从技术的本质到技术的价值［J］．辽宁大学学报（哲学社会科学版），2005（2）：11－14．
张新福．青年大学生政治价值观研究［J］．西华师范大学学报（哲学社会科学版），2005（2）：143．
赵冰洁．350 名大学生价值观测试量表调查分析［J］．中国行为医学科学，2002（4）：447－448．
赵守运，邵希梅．现代哲学价值范畴质疑［J］．哲学动态，1991（10）：44－47．
赵铁牛，杨晓南．大学生社会交往心理调查表的结构效度分析［J］．中国预防医学杂志，2008（5）：381－382．
赵玉芳等．高师生知识价值观研究［J］．西南师范大学学报（自然科学版），2000（6）：719－722．
甄暾．信息化教育中的宏观技术和微观技术［J］．电化教育研究，2008（12）：13－15．
郑雨．技术系统的结构＿休斯的技术系统观评析［J］．科学技术与辩证法，2008（2）：7－11．
周莉．论个体价值观形成发展的机制［J］．河南社会科学，2005（5）：11－12．
周鹏．大学生职业价值观的思考与展望［J］．沈阳农业大学学报（社会科学版），2008（2）：10．
朱婕．网络环境下个体信息获取行为研究．中国博士学位论文全文数据库．2007－10－18．
左明章，论教育技术的发展价值．中国博士学位论文全文数据库．2009－02－16．
（德）F．拉普．技术哲学导论［M］．沈阳：辽宁科学技术出版社，1986．